D1672262

VERSTÄNDLICHE
WISSENSCHAFT

FÜNFUNDSIEBZIGSTER BAND

SPRINGER-VERLAG BERLIN HEIDELBERG GMBH

TIERE
ALS MIKROBENZÜCHTER

VON

DR. PAUL BUCHNER

EM. PROFESSOR AN DER UNIVERSITÄT MÜNCHEN

1.-6. TAUSEND

MIT 102 ABBILDUNGEN

SPRINGER-VERLAG BERLIN HEIDELBERG GMBH

Herausgeber der Naturwissenschaftlichen Abteilung
Prof. Dr. Karl v. Frisch, München

ISBN 978-3-662-13220-3   ISBN 978-3-662-13219-7 (eBook)
DOI 10.1007/978-3-662-13219-7

Ursprünglich erschienen bei Springer-Verlag OHG. Berlin · Göttingen · Heidelberg 1960

Brühlsche Universitätsdruckerei Gießen

Inhaltsverzeichnis

V

TIERE

ALS MIKROBENZÜCHTER

I. Einleitung

Das Wort Symbiose bedeutet ganz allgemein irgendein Zusammenleben zweier Partner; aber als der Begriff im Jahre 1879 in die biologische Wissenschaft eingeführt wurde, gab man ihm bereits eine engere Prägung. Man hatte erkannt, daß die uns oft durch ihre Farben und Formen entzückenden Flechten etwas Zusammengesetztes darstellen, indem sie einer oft überraschende Intimität verratenden Verquickung zweier heterogener Organismen, nämlich von Pilzen und Algen, ihr Dasein verdanken, und in diesem Zusammenhang von einer Symbiose gesprochen. Seitdem verbinden wir mit dieser Bezeichnung die Vorstellung eines *harmonischen Zusammenlebens*, also eines Zustandes, der in schroffem Gegensatz zum Parasitismus und damit zu kämpferischen Auseinandersetzungen steht. Die beiden Partner können dabei völlig getrennt leben oder der eine von ihnen kann in dem Körper des anderen Aufnahme finden. Zu der ersteren Kategorie zählen z. B. die Fälle, in denen Einsiedlerkrebse mit Seeanemonen oder Schwämmen eine merkwürdige Freundschaft geschlossen haben, oder in denen Korallenfische tropischer Meere sich in den Wald der nesselnden Tentakeln von Aktinien flüchten, aber auch die Symbiosen zwischen Ameisen und Blatt- oder Schildläusen, die interessanten Ernährungsgemeinschaften, welche Ameisen und Termiten mit zahlreichen Käfern verbinden und weitgehende morphologische Anpassungen der letzteren ausgelöst haben. Auch die Welt der uns immer wieder mit Staunen erfüllenden wechselseitigen Anpassungen zwischen den Blüten und ihren Bestäubern fällt natürlich unter diesen Begriff.

Von all diesen Dingen soll jedoch hier nicht die Rede sein. Auch die symbiontischen Beziehungen, welche nicht selten zwischen freilebenden, in der gleichen Umwelt vorkommenden Mikroorganismen bestehen, gehören nicht zu unserem Stoff. Uns sollen vielmehr lediglich sog. *Endosymbiosen* beschäftigen, bei denen auf den ersten Blick nur einer der beiden Partner in Erscheinung tritt, weil der andere zeitweise oder zumeist sogar ein für alle mal sein selbständiges Leben aufgegeben hat. Es liegt auf der Hand, daß für einen solchen Einbau in das Innerste eines anderen Organismus nur niedere Lebewesen in Frage kommen. Wir kennen Endosymbiosen zwischen zwei pflanzlichen Partnern, wobei nicht nur an die schon genannten Flechten zu denken ist, sondern auch an jene höheren Pflanzen, welche Symbionten in Wurzeln oder Blättern lokalisieren, und vor allem solche, bei denen tierische Wirte pflanzliche Mikroorganismen als willkommene Gäste in ihren Körpern aufgenommen haben. Ihnen gegenüber spielen die wenigen Fälle, in denen Protozoen in Tieren wichtige Aufgaben zu erfüllen haben, eine nur sehr geringe Rolle. Uns sollen in der Folge nahezu ausschließlich Endosymbiosen der Tiere mit Bakterien und Pilzen beschäftigen, während solche mit Algen nur eingangs gestreift werden können. Sie müssen nicht nur aus Platzmangel zurücktreten, sondern auch, weil sie bereits seit langem bekannt und ungleich einfacher geartet sind.

Unser Wissen von den Endosymbiosen der Tiere mit Bakterien und niederen Pilzen ist erst ein halbes Jahrhundert alt und hat sich in dieser Zeit zu einem Zweig der Biologie entwickelt, der überreich an den intimsten Wechselbeziehungen zwischen den Tieren und ihren Gästen ist, ja uns den tierischen Organismus in einem völlig neuen Licht, als einen genialen Züchter ihm unentbehrlicher Mikroben, erscheinen läßt. Trotzdem ist von all dem Wunderbaren, das darzustellen unsere Aufgabe ist, bisher nur wenig in weitere Kreise gedrungen. Vollständigkeit anzustreben, verbietet die Fülle des Stoffes von vornherein, aber eine Vorstellung von dem Reiz, der diesem Neuland eigen ist, hoffen wir trotzdem vermitteln zu können*.

II. Entdeckung und Verbreitung der Endosymbiosen

1. Endosymbiosen mit Algen

Die historische Entwicklung unseres Wissens von der Verbreitung eines reibungslosen Zusammenlebens von Tieren mit

* Eine erschöpfende Darstellung findet der interessierte Leser in meinem Buch „Endosymbiose der Tiere mit pflanzlichen Mikroorganismen", 771 S., 336 Abb., Basel/Stuttgart, 1953.

pflanzlichen Mikroorganismen, dessen Innigkeit so weit geht, daß den einzelligen Lebewesen *im* tierischen Körper eine Stätte bereitet wird, hat einen auf den ersten Blick merkwürdigen, im Grunde aber doch wohl verständlichen Gang genommen. Jahrzehntelang wußte man, daß derartige Endosymbiosen im Meer und im Süßwasser eine häufige Erscheinung darstellen, ahnte aber nicht, daß sie bei Landtieren nicht nur auch sehr weit verbreitet sind, sondern daß es sich dabei um wechselseitige Anpassungen handelt, die ungleich inniger sind und eine geradezu aufregende Komplikation erreichen können.

Daß man bei Wassertieren so viel früher auf solche intime Freundschaften stieß, hat seinen Grund darin, daß die betreffenden Wirtstiere alle mehr oder weniger durchsichtig sind und daß die Symbionten obendrein zumeist lebhafte Farben tragen. Anfangs sträubten sich zwar auch hier die überkommenen Vorstellungen gegen den Gedanken, daß diese grünen oder gelblichen Gebilde selbständige Lebewesen sein könnten, und hielt man sie für tiereigene Zellen oder Zelleinschlüsse. Als man dann aber fand, daß sie auch außerhalb des tierischen Körpers leben können und innerhalb desselben nicht an die einzelnen Zellen gebunden sind, sondern diese unter Umständen verlassen und in die Eizellen übertreten können, mußte man sich damit abfinden, daß hier seltsame Ausnahmen vorliegen, bei denen der Übertritt fremder Organismen in den tierischen Körper für die beiden Partner keinerlei Störungen nach sich zieht.

Als Wirtstiere lernte man im Süßwasser vereinzelte Protozoen (Amöben und Ciliaten), Schwämme, Polypen, Strudelwürmer und Rädertierchen kennen und überzeugte sich davon, daß ihre mit dem Sammelnamen Zoochlorellen belegten Symbionten offensichtlich einzellige grüne Algen darstellen.

Bei Meerestieren treten hingegen fast ausnahmslos gelbliche Organismen an ihre Stelle, die man als Zooxanthellen bezeichnete, ohne damit etwas genaueres über ihre systematische Stellung aussagen zu wollen. Ihre Verbreitung übertrifft bei weitem die der Zoochlorellen. Hat man sie doch bei vielen Radiolarien und Foraminiferen, bei einer Reihe von Schwämmen und Hohltieren der verschiedensten Art (Hydroidpolypen und Hydromedusen,

Siphonophoren, Scyphopolypen und Scyphomedusen, Okto-korallen und Hexakorallen) sowie bei manchen Strudelwürmern und gewissen Mollusken gefunden.

Im Süßwasser wie im Meere herrscht insofern eine gewisse Regellosigkeit, als es in allen diesen Gruppen Formen gibt, die stets oder nahezu stets infiziert sind, solche die häufig ihre Algen besitzen und wieder andere, die immer frei von solchen sind, obwohl sie unter den gleichen Bedingungen leben. Algenhaltige und algenfreie Individuen derselben Spezies können nebenein-ander vorkommen, ohne daß sich etwa die infizierten den nicht-infizierten irgendwie überlegen zeigten. Trotzdem stößt man aber vielfach auf eine oft weitgehende Regelung der jeweiligen Wechsel-beziehungen der beiden Partner. Der den Gästen eingeräumte Raum ist unter Umständen genau so festgelegt wie die Intensität ih-rer Vermehrung. Bei Süßwasserprotozoen ist die ganze Zelle meist gleichmäßig und dicht besiedelt, aber bei Radiolarien kommen die gelben Zellen fast ausnahmslos nur in einem peripheren Teil desselben, dem sog. extracapsulären Weichkörper, vor, und ledig-lich die Familie der Acantharien gestattet ihnen den Aufenthalt in der Zentralkapsel. Auch die Vermehrungsrate wird hier vom Wirts-tier je nach Art genau geregelt. So gibt es Radiolarien, welche in jedem Individuum nur 1—4 Algen dulden, während andere Arten etwa 20—40 und wieder andere hunderte beherbergen.

Die weitgehendste derartige Gebundenheit hat man bei ge-wissen Endocyanosen, d. h. Symbiosen von Protozoen mit Blau-algen (Cyanophyceen) gefunden. Man kennt z. B. eine beschalte Amöbe, welche stets nur zwei auf den ersten Blick an Chromato-phoren erinnernde Blaualgenzellen enthält. Teilt sich das Wirtstier, so gleitet eine von ihnen in das Tochtertier, und eine anschließende Teilung der Symbionten stellt in beiden die Zweizahl wieder her.

Selten begegnet andererseits eine so hemmungslose Über-schwemmung des tierischen Körpers, wie bei den Süßwasser-schwämmen, bei denen zwar in erster Linie die Zellen des Füll-gewebes, aber daneben auch alle anderen Elemente des Körpers infiziert werden. Sonst pflegen bei vielzelligen Tieren nur be-stimmte Regionen aufnahmebereit zu sein und wehren andere den pflanzlichen Insassen den Zutritt. Da mit verschwindenden Aus-nahmen die Nachkommen ihre Symbionten jeweils neu aus der

Umgebung aufnehmen müssen, überrascht es nicht, daß das Darmepithel in erster Linie als Wohnsitz in Frage kommt. Das gilt für die grünen Hydren des Süßwassers und für ihre marinen Verwandten, für die mannigfaltigen Anthozoen, d. h. die Seeanemonen und korallenartigen Tiere, für marine Nacktschnecken (Aeolidier) und einen Teil der Strudelwürmer. An anderen Stellen wird jedoch die Schranke der Darmwand durchbrochen und erscheinen die Algen auch in der hinter ihr gelegenen Gallerte und in den diese durchsetzenden Zellen (Siphonophoren, Scyphozoen), aber unter Umständen auch lediglich extrazellulär zwischen den Zellen des Bindegewebes. Strudelwürmer und Rädertierchen rekapitulieren die beiden Etappen der Anpassung, wenn bei ihnen unter Umständen zunächst die von außen kommenden Algen in die Zellen des Darmes aufgenommen werden und dann erst in der Leibeshöhle auftauchen.

Wo ungeschlechtliche Fortpflanzung vorkommt, pflegen die Tochterindividuen schon bei ihrer Entstehung mit Algen versorgt zu werden. Das gilt nicht nur für sich teilende Protozoen, sondern auch für die Knospenbildung der Süßwasserpolypen und die Hohltiere des Meeres. Auch wenn sich diese Knospen als bewimperte Larven lösen oder Medusen aus ihnen entstehen, bekommen sie hierbei ihre Zooxanthellen mit. Hingegen ist eine Übertragung mittels Infektion der Eizellen äußerst selten. Zum ersten Mal wurde eine solche 1882 bei der Süßwasserhydra eindeutig festgestellt, ohne daß man damals ahnen konnte, welche Bedeutung eine solche Maßnahme für zahllose Landtiere besitzt. Später ergab sich dann, daß auch bei den verwandten Hydroidpolypen des Meeres der gleiche Weg eingeschlagen wird. Aber im übrigen liegen nur Angaben über eine bei manchen Rädertierchen vorkommende Infektion der Wintereier vor. Furchen sich die infizierten Eier eines Hohltieres, so geraten die das Plasma allseitig durchsetzenden Algen zunächst sowohl in das äußere, wie in das innere Keimblatt, gehen aber in dem ersteren alsbald zugrunde. Eine solche Fähigkeit, die Gäste an unerwünschten Stellen auszuschalten, begegnet auch sonst in den verschiedensten Situationen.

Im Laufe der Zeit hat man erkannt, daß sich unter den Bezeichnungen Zoochlorellen und Zooxanthellen recht verschiedene

Lebewesen verbergen. Ein großer Teil der Süßwassertiere bewohnenden Algen gehört der wohldefinierten Gattung Chlorella
an, die bereits 1890 aufgestellt wurde. Die Symbionten des Süß-
wasserschwammes hingegen gehören zur Gattung Pleurococcus.
Die „gelben Zellen" der marinen Tiere stellen unbewegliche
Zustände (Palmellastadien) von sonst freilebenden und dann
Geißeln tragenden Organismen dar und wurden zunächst allgemein zu den Cryptochrysidellen gerechnet. Aber schon frühzeitig kam der Verdacht auf, daß es sich bei ihnen wenigstens zum
Teil um ganz anders geartete Geißeltierchen, um Peridineen
handelt, welche das Plankton in Massen bevölkern können, bei
denen aber auch parasitisch lebende Formen nicht selten sind, eine
Auffassung, welche in jüngster Zeit für die Symbionten einer Seeanemone, einer Scyphomeduse und einer Nacktschnecke an Hand
von Kulturen zur Gewißheit wurde.

Von Anfang an machte man sich natürlich Gedanken über den
eventuellen Nutzen, der dem tierischen Partner aus einem solchen
Zusammenleben erwachsen könnte, und suchte auch auf experi-
mentellem Wege darüber Klarheit zu gewinnen. Die Vorstellungen
bewegten sich in zweierlei Richtung. Vielfach trat man dafür ein,
daß die Sauerstoffproduktion der Chromatophoren besitzenden
Algen für die Wirte wertvoll sein könnte, andere aber wiesen mit
Recht darauf hin, daß davon, solange die Tiere unter natürlichen
Bedingungen leben, kaum die Rede sein könnte. Besser fundiert erscheint hingegen die Auffassung, daß die Algen zur Ernährung
der Tiere beitragen. Daß in vielen Fällen ein Teil derselben laufend
zugrunde geht und verdaut wird, wurde immer wieder beobachtet.
Aber diesen stehen andere gegenüber, bei denen ein solcher Nutzen kaum in Frage kommen dürfte und selbst bei künstlich herbei-
geführtem Nahrungsmangel nicht auf die pflanzlichen Gäste zu-
rückgegriffen wird. Ähnliche Unklarheit besteht hinsichtlich der
Frage, inwieweit Assimilate der Algen in gelöster Form austreten
und dem Wirt zugute kommen. Bei den Seeanemonen ist man z.B.
zu dem Schluß gekommen, daß die Zooxanthellen den gesamten
Stickstoffbedarf des Tieres decken können, und an Hand von Kulturen grüner Pantoffeltierchen, bei denen die Algen nicht aufgelöst werden, kam man zu ähnlichen Resultaten. Aber bei alledem
darf man nicht vergessen, daß unter Umständen neben einer

Seeanemone mit gelben Zellen eine andere nahe verwandte ohne Algen ebensogut gedeiht und daß es immer wieder beobachtet wird, daß mit zunehmender Tiefe infolge des abnehmenden Lichtgenusses die Algen immer spärlicher werden, so daß die natürliche Färbung der Wirte entsprechend deutlicher wird. Grüne Süßwasserschwämme werden bei ungenügender Belichtung, etwa unter einer Brücke, farblos, ohne deshalb in ihrer Existenz gefährdet zu werden.

Zahlreiche dieser Algensymbiosen sind jedenfalls mehr oder weniger gleichgültige Einrichtungen und bedeuten im besten Fall nur eine zusätzliche Förderung des tierischen Partners. Aber aus solchen nicht lebensnotwendigen Ansätzen hat sich doch unter Umständen ein wesentlich engeres, nicht mehr zu entbehrendes Zusammenleben entwickelt. Dies gilt offenbar bereits für die in der Natur nie farblos vorkommende Chlorohydra viridissima, welche allerdings, wenn auch in geringerem Grade als die symbiontenfreien Verwandten, immer noch auf den Fang von Beutetieren angewiesen ist, vor allem aber für einen der kleinen marinen Strudelwürmer, Convoluta roscoffensis. Zahlreiche Verwandte — rhabdocoele und acoele Turbellarien —, ja selbst andere Arten der gleichen Gattung, leben wohl auch in Symbiose mit bald grünen, bald gelben Algen, aber während sie alle während ihres ganzen Lebens reichlich Nahrung aufnehmen, hat diese Convoluta roscoffensis sich in völlige Abhängigkeit von ihren grünen Gästen begeben. Die jungen Larven nehmen zunächst reichlich Kieselalgen, kleine Krebschen und andere Beute auf, aber sobald sich unter ihr einige der symbiontischen Algen befinden, vermehren sich diese rapide, und stellt das Tier das Fressen ein. Es lebt nur noch von den Assimilaten der Algen, gegen Ende seines Lebens jedoch erwacht etwas wie ein erneuter Hunger nach geformter Nahrung, die bis dahin vorhandene Immunität der Algen wird aufgehoben und sie verfallen der Verdauung, eine Gesinnungsänderung, auf welche alsbald auch der Tod des Wurmes folgt. Verhindert man die Infektion der Larven, so gehen sie inmitten reichlicher Nahrung zugrunde, sorgt man in letzter Stunde noch für eine solche, so erholen sich die Tiere alsbald.

Noch eindrucksvoller aber ist die Algensymbiose der Tridacna-Arten, jener gewaltigen, bis zu einem Meter messenden Riesenmuscheln, welche sich an das Leben auf den ufernahen Korallenriffen angepaßt haben. Während wir von der Symbiose der Convoluta roscoffensis schon seit einem halben Jahrhundert wissen, wurde uns erst durch die neueren Untersuchungen über die Lebensverhältnisse des großen australischen Barriereriffs Kunde von der Symbiose dieser Mollusken. Der Rand ihres die Schale ausscheidenden und ihr an der Innenseite anliegenden Mantels ist derart verdickt und vergrößert, daß er sich in Falten über den der Schale ausbreitet und diese daher nicht mehr völlig geschlossen werden kann. Soweit er dem Lichte ausgesetzt ist, enthalten die zahlreichen Lakunen der Blutgefäße Massen von braunen Zooxanthellen, von denen jede einzelne in einer amöboiden Zelle liegt. Laufend wird der beträchtliche Überschuß an Algen von den zahlreichen Phagocyten verdaut und der Vergleich mit anderen Gattungen dieser Familie der Tridacniden und mit ihren Vorfahren ergibt nicht nur eine immer größere Abhängigkeit von dieser Ernährungsweise, sondern gestattet gleichzeitig einen Einblick in die tiefgreifenden Änderungen, welche die gesamte Organisation dieser Muscheln im Anschluß an das Bündnis mit einem intensiven Lichtgenuß benötigenden Gast erlitten hat. Hier können wir nur auf eine, freilich besonders eindrucksvolle Konsequenz eingehen. Wo sich der Mantel dem Licht entgegenbreitet, trägt er kegelförmige Erhöhungen, in die ovale Nester transparenter Zellen gebettet sind. Sie erscheinen stets in die dichtesten Algenansammlungen eingesenkt und stellen Linsen dar, welche das Licht auch in deren tiefere Regionen lenken sollen. Dieser innerhalb der Algensymbiosen einzig dastehende Fall findet ein Gegenstück in den noch zu schildernden Linsenbildungen, welche bei Tintenfischen und Fischen durch eine Symbiose mit Leuchtbakterien ausgelöst werden.

2. Endosymbiosen mit Bakterien und niederen Pilzen

Daß man erst viel später zu der Einsicht kam, daß den Endosymbiosen bei Wassertieren ein ungleich mannigfaltigeres Gebiet Endosymbiosen bei Landtieren gegenübersteht, durch das die so viel einfacher gelagerten Algensymbiosen völlig in den Schatten gestellt werden, beruht auf zweierlei Umständen. Einmal sieht man den Wirten nun nicht schon äußerlich an, daß sie Symbionten beherbergen, und zum anderen handelt es sich jetzt niemals um Algen, sondern stets um Bakterien und hefeähnliche Pilze und damit um Organismen, mit denen sich seit den Tagen PASTEURs untrennbar der Begriff von Krankheitserregern, von Abwehrmaßnahmen und Kampf auf Leben und Tod verknüpfte. Die Vorstellung, daß es Tiere geben könnte, welche in bestimmten Zellen mit völliger Regelmäßigkeit gleichsam Reinkulturen von Bakterien züchten, wie der Hygieniker in seinen Petrischalen, und daß ihr Interesse an diesen Gästen gar so weit gehen könnte, daß sie alles aufbieten, um auf irgendeine Weise dieses Zusammenleben für alle Zeiten sicherzustellen, schien allzu kühn, als daß man sich zu ihr zu bekennen wagte.

So ist es begreiflich, daß man, als schon verhältnismäßig früh die ersten diesbezüglichen Beobachtungen gemacht wurden, ihnen eine andere Deutung zu geben suchte. Der Zoologe BLOCHMANN stieß z. B. schon 1884, also in einer Zeit, in der man bereits die Natur der Algensymbiosen erkannt hatte, auf die Symbionten gewisser Ameisen und beschrieb sie als Plasmastäbchen. Bald darauf stellte er fest, daß diese Strukturen in die Eizellen übertreten und die Embryonalentwicklung mitmachen, aber er konnte sich trotzdem nicht entschließen, den einzig möglichen Schluß zu ziehen, und nach ihm kommende Forscher deuteten noch weitere dreißig Jahre lang die gleichen Strukturen als Ergastoplasma oder als Mitosomen, d. h. als tiereigene Zellbestandteile. Ganz ähnlich erging es den symbiontischen Bakterien der Küchenschaben, die bald darauf von dem gleichen Zoologen zum ersten Male gesehen wurden und heute ein wichtiges Objekt der experimentellen Symbioseforschung darstellen.

Schon sehr früh — vor einem Jahrhundert — kamen begreiflicherweise die Symbionten gewisser Schildläuse, der Lecanium-Arten, zur Beobachtung, denn bei ihnen handelt es sich um vielfach Knospen treibende, an Hefen erinnernde Zustände von Schlauchpilzen, welche in Menge frei in der Leibeshöhle treiben und die jedermann, der über ein einfaches Schulmikroskop verfügt, zu Gesicht bekommen kann, wenn er eines der auf unseren Zimmerpflanzen nur allzu häufigen Tiere zerzupft. Hier konnte man sich der Auffassung, daß es sich um selbständige Lebewesen handelt, nicht entziehen, vermochte auch schon sehr früh ihren Übertritt in die Eizellen zu beobachten, aber diese Feststellung zog keine weiteren Kreise, obwohl man damit zum ersten Male mit den Symbionten eines Vertreters der Pflanzensäfte saugenden Tiere in Berührung kam, welche heute das Eldorado des Symbioseforschers darstellen. Ja noch mehr, man hatte damals schon ein Gutteil der Organe zu Gesicht bekommen, in denen bei Blattläusen, Blattflöhen (Psylliden), Mottenschildläusen (Aleurodiden) und Zikaden die Symbionten untergebracht werden. Aber noch war man wie mit Blindheit geschlagen und tastete Jahrzehnte im Dunkeln.

Erschwerend kam in diesen Fällen noch der Umstand hinzu, daß die Gestalt der Insassen dieser Organe infolge der langen, nie unterbrochenen intrazellularen Lebensweise vielfach weitgehend von ihrer ursprünglichen abweicht. Kugelige Formen erinnerten an Reservestoffe, zu Schläuchen entartete Zustände ließen zunächst auch nicht an Bakterien denken. Vor allem war es der sog. Pseudovitellus der Blattläuse, den man längst kannte und immer wieder untersuchte, ohne zu ahnen, um was es sich handelte. Vor 100 Jahren hat der englische Zoologe HUXLEY das Gebilde zum ersten Male beschrieben und so getauft, weil ihn seine Einschlüsse an Dotterkugeln erinnerten. Und was hat man ein halbes Jahrhundert lang an ihm herumgeraten! Auch eine rudimentäre männliche Geschlechtsdrüse sollte er sein oder einen Ersatz für die bei den Blattläusen fehlenden, sonst für die Insekten typischen Nierenorgane darstellen, und die Übertragung in Eier und Embryonen gab zu den verschiedensten Fehldeutungen Anlaß. Ebenso wenig wußte man mit den entsprechenden Organen der Zikaden anzufangen, die noch 1908 für akzessorische Geschlechtsorgane erklärt wurden. Wenn man andererseits die in Darmausstülpungen lebenden Symbionten gewisser kleiner Käfer, des Brotkäfers (Sitodrepa), schon frühzeitig als Hefen erkannte oder die Bakteriennatur der Symbionten der berüchtigten Olivenfliege (Dacus oleae), so waren das rühmliche Ausnahmen, welche an der Gesamtsituation nichts zu ändern vermochten. Solche Befunde blieben peinliche, die gewohnte Ordnung störende Sonderfälle und führten ein zusammenhangsloses, wenig beachtetes Dasein in der biologischen Literatur.

Das änderte sich mit einem Schlag, als in Italien UMBERTO PIERANTONI und in Mähren KAREL ŠULC gleichzeitig und unabhängig von einander 1909 und 1910 die wahre Natur des „Pseudovitellus" erkannten. Ihre Angaben bezogen sich auf Schildläuse, Blattläuse und Zikaden. Nun war mit diesen zunächst noch kurzen Mitteilungen die Binde von den Augen genommen worden. Denn jetzt folgte ihnen eine Periode, in der nicht nur unsere Kenntnis von der Endosymbiose der genannten Gruppen in die Breite und in die Tiefe vermehrt wurde, sondern auch zahlreiche andere als Symbiontenträger erkannt wurden. Schon von 1911 an hat auch der Verfasser im Verein mit zahlreichen Schülern sich intensiv am Ausbau dieses so reizvollen Kapitels biologischer Wissenschaft beteiligt.

Das Bestreben, die Reichweite der Erscheinung zu erfassen, wurde bald dadurch erleichtert, daß sich immer deutlicher *Zusammenhänge zwischen Endosymbiose und Ernährungsweise* der Tiere abzeichneten. Die bedeutendste Kategorie blieben die sich von Pflanzensäften ernährenden Insekten. Heute können wir mit Bestimmtheit sagen, daß alle hierhergehörigen Gruppen Symbionten besitzen. Von ihnen bekunden die Blattläuse, Psylliden und Aleurodiden auch bei eindringlichem Studium eine weitgehende Einheitlichkeit ihrer symbiontischen Einrichtungen, aber bei den Schildläusen und Zikaden entspricht ihrer reichen systematischen Gliederung eine noch lange nicht ausgeschöpfte Mannigfaltigkeit.

Daß wirklich die *Ernährung mit Pflanzensaft* und die Einrichtung einer Endosymbiose in einem kausalen Zusammenhang stehen, geht mit aller Deutlichkeit aus der Feststellung hervor, daß bei den heteropteren Wanzen, d. h. den Baum- und Blattwanzen, diejenigen Formen, welche die alte ursprüngliche räuberische Lebensweise beibehalten haben, keine Symbionten besitzen, wohl aber diejenigen, welche dazu übergegangen sind, Siebröhrensaft zu saugen!

Scheinbar wird diese Ordnung allerdings doch unterbrochen, denn auch gewisse niemals an Pflanzen saugende Heteropteren, nämlich die Bettwanzen und ihre an Vögeln und Fledermäusen saugenden Verwandten (Cimiciden) sowie die als Überträger der Chagas-Krankheit berüchtigt gewordenen, ebenfalls blutsaugenden Triatomiden Südamerikas, sind Symbiontenträger! Aber in Wirklichkeit liefern diese beiden Fälle einen weiteren schlagenden Beweis für die engen Beziehungen, die zwischen Ernährung und Endosymbiose bestehen. Es hat sich nämlich gezeigt, daß eine weitere ökologisch bedingte Gruppe von Symbiontenträgern *die von Wirbeltierblut lebenden Tiere* umfaßt. Schon SWAMMERDAM, der Verfasser der Bibel der Natur, hat 1669 ein Gebilde beschrieben, das auf der Bauchseite der Kleider- und Kopfläuse bereits mit bloßem Auge zu sehen ist und das er für eine in den Magen mündende Drüse hielt, welches aber in Wirklichkeit ausschließlich der Beherbergung von symbiontischen Bakterien dient. Heute wissen wir, daß auch die vielen anderen Verwandten dieser Läuse alle entsprechende, wenn auch mannigfach variierte Einrichtungen aufweisen. Zu den Bettwanzen und Triatomiden gesellen sich aber auch die afrikanischen Tsetsefliegen (Glossinen), die als Überträger der die Schlafkrankheit erregenden Trypanosomen so bedeutungsvoll sind, die zu den Fliegen zählenden Schafläuse und ihre Verwandten (Hippobosciden), die an Menschen und Tieren saugenden Zecken (Ixodiden und Argasiden) und damit auch die Überträger des Rückfallfiebers, eine Anzahl von Egeln und gewisse Milben (Dermanyssiden).

Und wo bleiben die Flöhe, die Stechmücken, die Bremsen, die Wadenstecher? wird der Leser mit Recht an dieser Stelle fragen. Wir haben sie nicht etwa vergessen, aber bei ihnen fanden sich keine Symbionten! Trotzdem wird damit nicht etwa die Ordnung in peinlicher Weise unterbrochen. Diese Ausnahmen führen uns vielmehr einen Schritt weiter und bekunden erneut, daß das Auftreten der Endosymbionten einen tieferen Sinn haben muß. Ist doch allen als Symbiontenträger erkannten Formen in gleicher Weise eigen, daß sie ihr ganzes Leben lang, d. h. von dem Augenblick an, in dem sie aus dem Ei schlüpfen, auf die Blutnahrung angewiesen sind, während man bei den keine Symbionten besitzenden zwei Perioden mit verschiedenem Ernährungsregim unterscheiden muß. Nur die Erwachsenen saugen bei ihnen Blut, die Larven aber leben bald im Wasser, wo sie Bakterien und Algen in sich strudeln, wie die Mückenlarven, oder sich räuberisch von anderen Larven ernähren, wie die Bremsen, bald von Kot, wie die Wadenstecher, und in allerlei Detritus, wie die Flohlarve. Wir werden also vermuten dürfen, daß die ausschließliche Blut-

nahrung einer Ergänzung bedarf, die von den Symbionten geliefert wird, und daß eine solche dort überflüssig ist, wo die Larven-
kost die nötigen Wachstum fördernden Substanzen enthält. Schon
jetzt sei verraten, daß die experimentelle Symbioseforschung eine
solche Annahme durchaus bestätigt hat.

Als dritte Gruppe zeichnete sich die ab, bei der *die Nahrung in
Holz oder doch wenigstens in sehr zellulosereichen Stoffen besteht.* Hier
lagen schon seit langem die zum Teil in das 18. Jahrhundert
zurückreichenden Beobachtungen über eine Symbiose mit Pilzen
vor, welche freilich nicht in, sondern außerhalb der betreffenden
Ameisen und Termiten gezüchtet werden und ihnen als Nahrung
dienen. Später lernte man dann noch die sogenannte Ambrosiazucht der Borkenkäfer, sowie der ebenfalls zu den Käfern zählenden Platypodiden und Lymexyloniden kennen, welche zwar *im*
Holz minieren, aber ebenfalls nicht unmittelbar von diesem leben,
sondern Pilzrasen abweiden, die sie an der Wandung der Gänge
kultivieren.

Als letztes Glied gesellten sich schließlich zu dieser Reihe die
Holzwespen (Siriciden), bei denen es nicht zu einem kontinuier-
lichen Pilzrasen kommt, sondern zu einer mehr diffusen Durch-
setzung des Holzes. Die Einrichtungen, welche in all diesen Fällen
das dauernde Zusammenleben garantieren, sind verschieden hoch
entwickelt, funktionieren aber stets aufs beste. Da sie, wie sich
erst verhältnismäßig spät gezeigt hat, zum Teil zu einem längeren
Aufenthalt des wertvollen Saatgutes im Körper der Tiere geführt
haben und dabei unter Umständen höchst eigenartige morphologische Anpassungen ausgelöst wurden, muß man bei diesen
Pilzzüchtern z. T. von einer temporären Endosymbiose sprechen.
Wir werden sie daher im folgenden ebenfalls eingehender behandeln.

Solche zumeist schon weiter zurückliegende Erfahrungen und
die Tatsache, daß jener oben erwähnte Brotkäfer zwar heute ein
höchst unangenehmer Vorratsschädling ist, der, wie der Name
besagt, von allerlei Cerealien, Drogen und ähnlichem lebt, aber
ohne allen Zweifel von holzfressenden Vorfahren abstammt,
legten es nahe, in der Holznahrung ein weiteres Motiv zur Begründung von Endosymbiosen zu vermuten. Und in der Tat
wissen wir heute, daß nicht nur die in Holz lebenden Verwandten

des Brotkäfers, die Anobiiden — Pochkäfer und Totenuhr sind deutsche Namen für sie — alle ganz die gleichen Bündnisse mit Hefen eingegangen haben, sondern daß auch z. B. diejenigen Borkenkäfer, welche sich nicht von Ambrosiapilzen ernähren — und das ist ja die überwältigende Mehrzahl —, in Endosymbiose leben. Bei den Bockkäfern (Cerambyciden) liegt hingegen offenbar eine ähnliche Situation vor, wie bei den Blattwanzen, denn es hat sich gezeigt, daß nur ein verhältnismäßig geringer Teil, nämlich die in lebendem oder toten Nadelholz oder in totem Laubholz lebenden Larven Darmausstülpungen besitzen, in welchen hefeartige Mikroorganismen leben, während alle diejenigen Arten, welche sich in frischem Laubholz oder in krautartigen Pflanzenteilen finden, keine Symbionten benötigen. Auch bei den Rüsselkäfern, bei denen ja ebenfalls ein Teil als Larven seine Gänge in Laub- und Nadelholz bohrt, ein anderer von krautigen Gewächsen lebt oder sich etwa in Samen oder Gallen findet, stößt man auf vergleichbare Beziehungen zwischen der Art der Nahrung und der Einrichtung einer Symbiose. Doch ist hier das Vorhandensein der Symbionten offenbar keineswegs nur an holzige Nahrung gebunden, was nicht verwunderlich ist, nachdem man auch sonst die Erfahrung gemacht hat, daß Symbiose wohl da und dort mit *krautiger Nahrung, Minieren in Früchten oder Gallbildung* verknüpft ist, daß diese Fälle aber gegenüber solchen, bei denen diese Ernährungsweise keine Symbiose ausgelöst hat, bei weitem in der Minderheit sind. Zu den ersteren gehören auch die Fruchtfliegen (Trypetiden), von denen wir oben schon Dacus oleae als Zerstörer der Oliven erwähnten, die sich aber auch in Kirschen, Pfirsichen und anderen Früchten sehr unangenehm bemerkbar machen können, während die Mehrzahl in Stengeln, Blättern und Blütenböden miniert und manche Gallen erzeugen.

Auch bei den Lagriiden (Wollkäfern), Tieren, welche von frischen und modernden Blättern leben, entdeckte man eine allgemein verbreitete Bakteriensymbiose, während offenbar bei weitem die Mehrzahl der Chrysomeliden (Blattkäfer) keine Symbionten besitzt; bisher sind solche nur von drei Gattungen bekannt geworden.

Wie wir vom Brotkäfer hörten, daß seine Verwandten an Holz gebunden sind, so kam es auch in anderen Käferfamilien, welche sich sonst aus Holzfressern rekrutieren, zu ganz ähnlichen Geschmacksveränderungen, ohne daß deshalb die Symbionten über Bord gegangen wären. Unter den Rüsselkäfern gewöhnte sich Calandra an Getreide, Teigwaren und dergleichen, unter den Bostrychiden entwickelt sich Rhizopertha in Getreidekörnern, der ebenso lebende Oryzaephilus gehört zu den Cucujiden, einer kleinen Gruppe unscheinbarer Käfer, die sich sonst unter der Rinde von Laub- und Nadelhölzern finden. Zu den Borkenkäfern zählt die Gattung Coccotrypes, die sich an die verschiedensten Palmensamen angepaßt hat, und Stephanoderes, ein gefürchteter Gast der Kaffeebohnen. Doch wäre es falsch, aus diesen sekundären Vorkommnissen schließen zu wollen, daß solche Ernährungsweise stets mit einer Endosymbiose Hand in Hand gehen müsse. Es sei nur an die in Erbsen, Puffbohnen usw. lebenden Bruchiden (Samenkäfer) erinnert, bei denen man vergeblich nach Symbionten sucht.

Daß nach allem, was wir bisher über das Vorkommen der Endosymbiosen mitgeteilt haben, eindeutige Beziehungen zur Ernährungsweise der Wirte bestehen, wird niemand bezweifeln können. Auch die Ergebnisse der experimentellen Symbioseforschung haben das bestätigt. Daneben bestehen aber auch noch Vorkommnisse, bei denen die *Motive anderer Art* sein müssen. Wir denken dabei zunächst an die Küchenschaben und alle ihre die verschiedensten Erdteile bewohnenden Verwandten (Blattiden). Sie sind keineswegs an eine einseitige Ernährung gebundene Allesfresser, besitzen aber trotzdem samt und sonders eine bei allen untersuchten Vertretern in gleicher Weise entfaltete Bakteriensymbiose. Der einzige heute noch lebende Vertreter der ursprünglichsten Familie der Termiten, Mastotermes darwiniensis in Australien, weist interessanterweise genau die gleichen Einrichtungen auf. Unter den Ameisen leben lediglich die großen Roßameisen(Camponotus-Arten) und Formica fusca in Endosymbiose mit Bakterien, nicht aber die sich in ganz der gleichen Weise ernährenden Verwandten. Bei solchen sporadischen Fällen liegt es nahe, an Rudimente einer früher allgemeineren Verbreitung zu denken und wir werden dies im folgenden nicht nur bestätigt finden, sondern auch sonst des öfteren auf Erscheinungen stoßen, welche uns daran erinnern, daß alle diese uns beschäftigenden Symbiosen sekundäre, heute zum Teil offenbar noch im Fluß begriffene, gelegentlich auch dem Abbau verfallende Anpassungen darstellen.

Natürlich ist die Zahl der bisher auf das Vorhandensein einer Endosymbiose geprüften Landtiere im Verhältnis zu der Fülle der Insekten und der sonst vor allem in Frage kommenden Spinnentiere, Würmer usw. verschwindend klein und die Erforschung dieser Gruppen wird sicher im Laufe der Zeit, insbesondere wenn die tropische Insektenwelt mehr als bisher herangezogen wird, noch so manche Erweiterung bringen. Aber neue ökologisch bedingte Kategorien des Vorkommens dürften sich dabei kaum noch ergeben.

Wenn wir jetzt, nachdem wir eine Vorstellung von der Verbreitung der Symbiosen gewonnen haben, welche die Landtiere mit Bakterien und niederen Pilzen eingegangen haben, zurückblicken auf das, was wir von den Algensymbiosen bei Süßwasser- und Meerestieren hörten, so kommt erst zu Bewußtsein, um wie verschiedene Welten es sich handelt. Nirgends stellen sich irgendwelche Parallelen ein! Aber andererseits wird auch klar, worin dies begründet liegt. Schon jetzt, bevor wir in alle Einzelheiten eingegangen sind und insbesondere bevor wir uns mit den Experimenten befaßt haben, die Aufschlüsse über die Vorteile geben, welche den Pflanzensäftesaugern, den einseitigen Blutsaugern, den Holzinsekten und so fort aus den Symbiosen erwachsen, verstehen wir, warum bei Wassertieren vergleichbare Einrichtungen nahezu völlig fehlen. *Erst die mannigfachen Nahrungsquellen, welche das Leben auf dem Lande erschloß, gaben den Anlaß zu solchen auf den ersten Blick naturwidrigen Bündnissen.* Die den Wassertieren sich bietenden sind ja ungleich eintöniger. Sie müssen sich entweder als Räuber ernähren oder sind auf kleine und kleinste pflanzliche und tierische Planktonorganismen, auf das Abweiden von Algen- und Bakterienrasen, auf die Verwertung organische Bestandteile enthaltenden Schlammes und dergleichen angewiesen, mit anderen Worten, auf eine Ernährung, von der wir gesehen haben, daß sie keine Endosymbiosen benötigt. Wenn wir hingegen von Symbiosen bei Egeln hören werden, welche an Fischen des Süßwassers und des Meeres saugen, so bestätigt das nur eine unserer Regeln. Wo aber Wassertiere Holz zerstören und verzehren, wie die Bohrasseln und Bohrmuscheln, handelt es sich offenbar stets um solches, das bereits vorher von Bakterien und Pilzen mehr oder weniger weitgehend zersetzt wurde, und kommt es auf keinen Fall zu einer komplizierteren Endosymbiose.

Fehlten so einerseits den Wassertieren fast durchweg die Voraussetzungen zur Begründung von Symbiosen, welche denen der Landtiere gleichzustellen sind, so boten sich andererseits dank dem weitverbreiteten Vorhandensein von einzelligen Algen, Dinoflagellaten und Cyanophyceen Möglichkeiten, welche für die Landtiere nicht in Frage kamen. Darüber hinaus aber bot sich den Meerestieren noch eine weitere Chance, der sogar eines der reizvollsten Kapitel der Symbioseforschung zu danken ist, — die *Leuchtsymbiose*. Eine Anzahl sehr verschiedener Organisationstypen hat es verstanden, das Angebot der im Seewasser weitverbreiteten Leuchtbakterien zu nutzen, hat solche teils in Körperzellen, teils in Drüsen vortäuschenden Einstülpungen untergebracht und diese Leuchtorgane zum Teil noch auf die raffinierteste Weise mit allerlei Hilfseinrichtungen ausgestattet, welche die Wirkung des fremden Lichtes teils steigern, teils abzublenden gestatten!

Zu dieser interessanten Feststellung kam es erst, als die Zeit hierfür durch die entscheidenden ersten Entdeckungen auf dem Gebiet der Insektensymbiosen reif geworden war. Vorher war man überzeugt, daß alle leuchtenden Meerestiere aus eigenen Kräften, d. h. mittels Drüsensekreten, zu leuchten vermögen, und wo im Drüsenlumen in Wirklichkeit Bakterien leben, hielt man diese eben für Sekretionsprodukte. Der Traum, daß vielleicht jegliches Leuchten bei marinen Tieren, welches ja bei Protozoen, bei den verschiedensten Cölenteraten, bei Würmern, Krebsen, Tintenfischen, Muscheln, Manteltieren und Knochenfischen vorkommt, auf Symbiose beruhe, wurde freilich bald zunichte. Man konnte vielmehr bisher nur bei einem Teil der leuchtenden Tintenfische und Knochenfische sowie bei den Feuerwalzen (Pyrosomen) mit Sicherheit eine Leuchtsymbiose feststellen, und für die Salpen sehr wahrscheinlich machen. Insbesondere gilt auch für die größere Tiefen bewohnenden Fische und Tintenfische mit ihren bizarren Gestalten und ihrem reichen Lichterschmuck nach wie vor die alte Auffassung.

Vorübergehend glaubte man auch bei unseren einheimischen Glühwürmchen ein von Symbionten geliefertes Licht annehmen

zu dürfen, doch hat sich auch dies — leider — nicht aufrechterhalten lassen. Es hätte den Zauber dieses nächtlichen Lichter-
reigens für den Wissenden noch mehr gesteigert! Auch die Untersuchung tropischer Leuchtkäfer hat keinen Anhaltspunkt dafür
geboten. Eigentlich muß man sich wundern, daß die Natur uns
ein Kapitel über die Leuchtsymbiose der Insekten vorenthalten hat,
denn die Vorbedingungen hierzu wären gegeben gewesen. Kommt
es doch bei Mücken und Schmetterlingen gelegentlich vor, daß sie
von Leuchtbakterien befallen werden, welche dann ihren Körper
weitgehend überschwemmen und leuchtend machen! Aber eine
solche Infektion führt stets zum Tod der befallenen Tiere. Man darf
daher wohl vermuten, daß hier die hochgradige Pathogenität
dieser Keime eine Einbürgerung von vorneherein ausschloß.

Die Existenz einer Leuchtsymbiose bei Fischen besitzt noch
insofern eine besondere Bedeutung, als mit ihr die Schranke
durchbrochen wird, welche im übrigen offenbar die Einrichtung
komplizierterer *Symbiosen zwischen Wirbeltieren und Mikroorganismen*
unmöglich macht. Zu intrazellularem Sitz der Symbionten kommt
es zwar auch bei diesen Fischen nicht, aber doch immerhin zur
Entstehung regelrechter, scharf begrenzter Organe, welche die
alleinige Aufgabe haben, in ihrem Lumen die Fremdlinge zu beherbergen. Sieht man von diesen Fällen ab, so kann man den Begriff der Endosymbiose innerhalb der Wirbeltiere lediglich — hier
aber mit gutem Grund — auf die insbesondere bei den Säugetieren
und beim Menschen lebensnotwendige Darmflora und auf die
im Wiederkäuermagen vorkommenden Infusorien anwenden.

III. Temporäre Endosymbiosen
bei pilzzüchtenden Insekten

Es gibt eine Reihe von Insekten, welche außerhalb ihres
Körpers Pilze zu züchten gelernt haben, diesen aber vorübergehend, wenn es gilt, sie auch den Nachkommen zu übermitteln,
in ihrem Inneren eine Stätte bereiten. Den Blattschneiderameisen
(Attinen) des tropischen und subtropischen Amerika und den
Termiten gelingt dies ohne besonderen organisatorischen Aufwand, aber bei Borkenkäfern (Ipiden), Platypodiden, Lymexyloniden und Holzwespen (Siriciden) löst diese Aufgabe jeweils

verschiedene anatomische Neubildungen aus und führt unter Umständen zu erstaunlich komplizierten Anpassungen, welche zum Vergleich mit solchen herausfordern, die uns in der Folge begegnen werden. So stellt dieses Kapitel über „temporäre Endosymbiosen" gleichsam den Auftakt zu den Symbiosen dar, bei denen Pilze und Bakterien ihre dauernde Bleibe im Inneren des tierischen Körpers gefunden haben.

Bevor die jungen Königinnen der *Blattschneiderameisen* zum Hochzeitsflug aufbrechen, erwacht bei ihnen, die bis dahin lediglich mit dem Sekret der Futterdrüsen der Arbeiterinnen ernährt worden waren, der Appetit, etwas von den Pilzen als Saatgut auf die Reise mitzunehmen. Sie füllen mit ihnen eine im hinteren Teil der Mundhöhle befindliche, auch bei anderen Ameisen vorkommende Tasche und erbrechen den Inhalt erst, wenn sie nach der Begattung ihre Flügel abgeworfen und sich in einer kleinen Erdgrube, dem sog. Kessel, eingegraben haben. Stückchen für Stückchen bringen sie die Pilze an ihren After und düngen sie, so daß die ersten Larven bereits einen kleinen Garten vorfinden und dessen Pflege übernehmen können.

Die *Termitenweibchen* müssen natürlich auch etwas von ihren symbiontischen Pilzen mit auf den Hochzeitsflug nehmen, und in der Tat erscheint auch hier im Kessel, in dem nun auch das Männchen mit eingeschlossen wird, allerdings etwas später ein junger Pilzgarten, aber die Einzelheiten der Übertragung liegen hier nicht so klar zutage wie bei den Ameisen. Man muß vermuten, daß im Darm befindliche Sporen von den Junglarven, welche gerne am After der Mutter saugen, aufgenommen werden und daß auf sie die neuangelegte Kultur zurückgeht.

Bei den pilzzüchtenden Käfern ist die Situation eine völlig andere. Hier handelt es sich nun um Tiere, welche im Holz Gänge anlegen, denen aber nicht etwa dieses als Nahrung dient, sondern ein kontinuierlicher Pilzbelag, den sie an der Wandung zu kultivieren wissen. Man faßt sie unter dem Namen „Ambrosiazüchter" zusammen. Bei den *Borkenkäfern* sind es Schlauchpilze (Ascomyceten), die offenbar für jede Art spezifisch sind. Zum Teil konnten sie an Hand von Kulturen einwandfrei als Monilia-Arten erkannt werden. Wie bei den Ameisen haben die Tiere gelernt, durch entsprechende Behandlung nicht nur das Hochkommen von Unkrautpilzen zu unterdrücken, sondern auch die Entwicklung besonderer nährstoffreicher, dünnwandiger Endanschwellungen der Hyphen auszulösen, die unterbleibt, sobald der Rasen nicht mehr gepflegt wird.

Erst in jüngster Zeit hat man darüber Klarheit gewonnen, welche Einrichtungen bei den Borkenkäfern das Beisammenbleiben der beiden Partner garantieren. Früher dachte man, daß, wenn im Winter der Pilzbelag schwindet und die jungen Weibchen im Holz auf die Zeit des Ausschwärmens warten, diese im Darm der Verdauung entgehende Pilze über jene kritische Periode hinweg retten, aber heute wissen wir, daß sich bei den beiden allein Ambrosia züchtenden Gruppen der Xyloterinen und Xyleborinen im Winter die Symbionten stets in mehr oder weniger tief eingesenkten, mit Chitin ausgekleideten Einstülpungen der Haut finden, die jeweils in enger Beziehung zu dort mündenden Drüsen stehen. Ihr Vergleich ergibt, daß nicht nur jede der untersuchten Gattungen ihre eigene Lösung gefunden hat, sondern selbst innerhalb einer solchen noch Unterschiede bestehen können.

Bei den Xyleborinen, etwa bei Anisandrus dispar, einem Schädling unserer Obstbäume, oder bei Eccoptopterus sexspinosus liegt das Depot zwischen dem ersten und zweiten Brustsegment. Das letztere, das sog. Scutellum, ist hier stark gewölbt und drängt sich tief in die vor ihm liegende Intersegmentalhaut. Kopfwärts und seitlich trägt die Vorwölbung ein ansehnliches Drüsenpolster, und der unter diesem verbleibende enge Raum ist voll von den Übertragungsformen des Ambrosiapilzes, welche nur bei Kontraktion der Längsmuskeln aus ihrem Versteck treten können (Abb. 1). Die Gattung Xyleborus hingegen weist an der Basis der Flügeldecken je eine Grube auf, welche von langen Drüsenhaaren überlagert ist. Sind die Weibchen im Herbst ausgereift, dann finden sich in diesen Gruben und zwischen den Haaren wieder schmierige Klumpen von Ambrosiazellen. Bei den Weibchen der Xyloterinen werden paarige, hohle Drüsen, die man bisher übersehen hatte und die abermals ein öliges Sekret liefern, verwertet. Sie liegen diesmal am Hinterrand des ersten Brustgliedes und besitzen eine Öffnung, die normalerweise einen engen Spalt darstellt und obendrein mit langen Wimpern gleichenden Haaren überdeckt ist. Ein fächerförmiges Muskelbündel überzieht die Drüsenschläuche und vermag, wenn sich der Spalt bei intensiver Tätigkeit der Beinmuskulatur öffnet, den Inhalt herauszudrücken.

Bei all diesen Einrichtungen hat sichtlich der Reichtum dieser Tiere an Hautdrüsen, welche zunächst wohl nur als Schutz gegen Nässe und als Gleitschmiere in den engen Gängen eine Rolle spielten, die Richtung gewiesen; ja ohne das Vorhandensein so reichlicher Sekrete wäre in unserem Klima die Ambrosiazucht von vornherein nicht möglich gewesen, denn nur ihnen ist es zu danken, daß ein Teil der Pilze im Winter, wenn sie in den Gängen austrocknen und zugrunde gehen, diesem Schicksal entgeht.

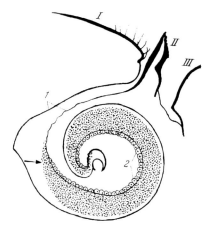

Abb. 1. Pilzdepot eines Borkenkäferweibchens (Eccoptopterus sexspinosus). *I, II, III* erstes, zweites, drittes Brustglied, 1 die die Segmente verbindende Haut, 2 das drüsige Epithel; der Pfeil weist, wie in der Folge, auf die Symbionten oder ihre Wohnstätte. Nach Francke-Grosmann

Die *Platypodiden* stellen eine Käferfamilie dar, die man infolge der Ähnlichkeit, die sie auf den ersten Blick mit den Borkenkäfern besitzt, früher mit ihnen vereinigt hat, doch ist diese lediglich durch die gleiche Lebensweise bedingt. Auch sie züchten an der Wandung ihrer Gänge Ambrosiapilze, doch ist bei ihnen das Zusammenleben der beiden Partner, nicht zuletzt, weil es sich im wesentlichen um tropische Tiere handelt, bisher nur mangelhaft erforscht. Der Reichtum der Tiere an Hautdrüsen erinnert an die Borkenkäfer, und wie dort stehen diese Sekrete jedenfalls bei einem Teil von ihnen auch im Dienste der Übertragung, denn man hat z. B. bei unserem Platypus cylindricus von der Eiche festgestellt, daß im Herbst an den verschiedensten Teilen des Körpers dichte schmierige Massen von Ambrosiazellen kleben, ohne allerdings so scharf umschriebene pilzgefüllte Behälter entdecken zu können wie bei den Ipiden. Daneben gibt es aber auch eine ganze Anzahl Platypodiden, welche höchst absonderliche Veränderungen an den Köpfen der Weibchen hervorgebracht haben, die mit größter Wahrscheinlichkeit ebenfalls dem Pilztransport dienen. Sie sind sehr mannigfach, werden aber unter diesem Gesichtspunkt ohne weiteres verständlich. Meist trägt die Stirn eine so tiefe Grube, daß Scheitel und Augen unterhöhlt erscheinen, und der Rand dieser Grube ist entweder kahl oder mit Borstenreihen oder einzelnen Gruppen von solchen umstellt. Diese krümmen sich dann derart, daß sie sich mit den Spitzen berühren (Abb. 2a, b). Ganz seltsam ist der Kopf einer Art gestaltet, die auf jeder Seite des Scheitels eine Grube trägt, bei der aber außerdem die Kiefer große schaufelförmige Fortsätze entwickelt haben und Haarbüschel tragen, die zusammen mit diesen einen Raum vor der Stirne umspannen (Abb. 2c). Ein selbständiges Nagen wird diesen Tieren damit unmöglich gemacht, so daß man daran gedacht hat, daß in diesem Fall nur die Männchen die Gänge bohren und die Weibchen sich allein mit der Pilzpflege befassen.

a

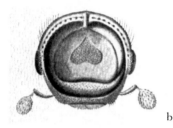

b

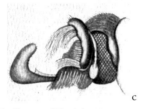

c

Abb. 2a—c. Einrichtungen zum Transport von Ambrosiapilzen bei Platypodiden. a) Symmerus tuberculatus, Kopf von vorn gesehen; b) Mitosoma accuratum ebenso; c) Spathidicerus thomsoni, Kopf von der Seite. Nach Strohmeyer

Aber im Leben sind all diese Formen leider bisher nie untersucht worden. Trotzdem dürfte kaum ein Zweifel darüber bestehen, daß es sich stets in erster Linie um Transporteinrichtungen handelt. Dafür spricht auch, daß man bei trockenem Sammlungsmaterial Pilzreste in jenen Gruben gefunden hat.

Schließlich muß noch auf Käfer eingegangen werden, die zu den Ambrosiazüchtern zählen, deren Lebensgewohnheiten sich aber im übrigen von denen der Borkenkäfer und Platypodiden weitgehend unterscheiden. Bei den *Lymexyloniden*, zu denen der bei uns heimische Werftkäfer zählt, sind es lediglich die Larven, welche Gänge in Laub- und Nadelbäume bohren, die sich auch hier alsbald mit einem rahmartigen Pilzbelag bedecken. Genauer untersucht ist bisher nur eine Art, der in Deutschland häufige Hylecoetus dermestoides. Die ebenfalls zu den niederen Schlauchpilzen zählenden, leicht kultivierbaren Symbionten bilden abermals endständige, an Glykogen reiche Anschwellungen und zu gewissen Zeiten auch schlanke, flaschenförmige Sporenbehälter, wel-

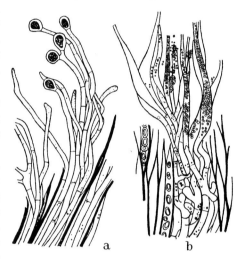

Abb. 3. Ambrosiapilz von Hylecoetus dermestoides, aus dem Holz brechend.
a) gewöhnliche Wuchsform, b) in Sporenbildung. Nach BUCHNER

che in diesem Fall eine bedeutsame Rolle bei der Sicherung des Zusammenbleibens der beiden Partner spielen (Abb. 3).

In jedem Gang lebt nur eine Larve, deren Hinterende eine von Häutung zu Häutung immer vollkommener werdende, dem Hinausschaffen des in Menge anfallenden Bohrmehls dienende Schaufel darstellt. Im Winter bildet sich auch hier der Pilzrasen zurück, und die Larven machen eine Ruheperiode durch, im Frühjahr bohren sie wieder und wuchern die Gärten erneut. Männliche und weibliche Käfer verlassen schließlich das Holz und begatten sich im Freien, dann legen die letzteren dichte Haufen von Eiern — man hat bis zu 120 gezählt — unter die Schuppen der Rinden und sterben, bevor ihre Nachkommen schlüpfen und sich erneut in das Holz einbohren.

Hier kommt also eine Infektion des Holzes durch die Muttertiere nicht in Frage, und die Natur muß einen anderen Weg ersinnen. Wie soll sie es machen? Wenn die Lärvchen schlüpfen, zerstreuen sie sich bald darauf nach allen Richtungen und suchen sich Risse in der Borke, durch die sie leichter zum Holz gelangen. Die Lösung der Frage erinnert, wie wir noch hören werden, außerordentlich an solche, die uns bei gewissen Endosymbiosen begegnen. Auch bei Hylecoetus werden Pilzdepots am mütterlichen Körper geschaffen, aber nicht wie bei den Borkenkäfern bald da, bald dort, sondern lediglich an dem langen, unter die Rindenschuppen greifenden Legeapparat. Es gilt ja nun nicht, die Wandung der Gänge zu infizieren, sondern den Nachkommen vor dem Tode die Keime mitzugeben. Nahe dem Ende der Legeröhre finden sich zwei drüsige Taschen und eine mediane Rinne, welche voll von den Sporen des Pilzes sind und so liegen, daß, wenn ein mit dem Sekret der Vagina beschmiertes Ei herabgleitet, seine Oberfläche notwendig mit Sporen besudelt wird (Abb. 4).

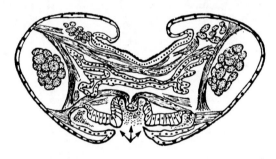

Abb. 4. Querschnitt durch den Legeapparat des Käfers Hylecoetus dermestoides. Rinne und Taschen mit Pilzsporen, darüber die Vagina.
Nach BUCHNER

Die Lebenduntersuchung der Eier und ihre Aussaat auf Agar unter sonst sterilen Bedingungen bestätigen das. Beobachtet man nun das Verhalten der schlüpfenden Larven, so fällt auf, daß sie nicht sogleich das Gelege verlassen, sondern sich in sehr eigentümlicher Weise noch tagelang umeinanderwälzen, so daß das Ganze einen schleimigen Knäuel darstellt, in dem sich auch noch die alten dünnen Eihäute erkennen lassen. Dieser seltsame Instinkt der Neugeborenen hat natürlich die Bedeutung, daß die Lärvchen, wenn sie sich schließlich trennen, sich auf solche Weise vorher gründlich mit den Sporen „eingeseift" haben, und in der Tat findet man diese nun ohne weiteres vor allem in den Falten zwischen den einzelnen Segmenten. Nun versteht man, wie es möglich ist, daß sie, die gleichsam Waisenkinder sind, trotzdem alsbald ihre lebensnotwendige Nahrung finden. Daß die exotischen Vertreter dieser Familie sich ähnlich verhalten, darf man aus dem Umstand schließen, daß jene Taschen auch an trockenem Museumsmaterial festzustellen sind.

Bei den *Holzwespen* dachte man zunächst nicht an die Möglichkeit einer Pilzzucht. Fehlte doch auf den ersten Blick die Voraussetzung eines luftigen Ganges, an dessen Wandung die Pilze gedeihen könnten, da die Tiere die Gewohnheit haben, mit dem zernagten Holz den Darm zu füllen und das Nagsel, nachdem es ihn passiert hat, mit einem am Hinterende der Larven entstehenden Apparat im Gange festzustopfen. Und doch wissen wir heute, daß sie nicht nur ebenfalls an das Vorhandensein von Pilzen gebunden sind, sondern daß hier sogar die der Symbiose dienenden Anpassungen der Wirte besonders hochentwickelt sind. Die Beobachtungen beziehen sich nahezu auf alle bei uns vorkommenden Gattungen. In der unmittelbaren Umgebung der Gänge ist das Holz von den Schläuchen eines sog. Schnallen bildenden, zu den Basidiomyceten zählenden Pilzes durchzogen, die man erst zu Gesicht bekommt, wenn man es auf Schnitten untersucht. Eine Prüfung des Darminhaltes ergibt, daß Bruchstücke der Pilze auch die Holzsplitter durchsetzen und daß Plasma und Wände derselben rasch verdaut werden, den Wespen aber die ihren Symbionten eigene Fähigkeit, Cellulose und Lignin zu verwerten, abgeht.

Dieses so verborgene Vorkommen nie fehlender Pilze wäre wohl der Beobachtung entgangen, wenn man nicht vorher bei den reifen Weibchen ein sogar sehr auffälliges, der Übertragung dienendes paariges Organ entdeckt hätte. Es handelt sich um tiefe, beiderseits der Basis des hier mit langen Stechborsten ausgerüsteten Legeapparates gelegene Intersegmental-Taschen (Abb. 5). Eine wie ein Riegel vorspringende umfangreiche Drüse engt die Verbindung mit der Außenwelt weitgehend ein, der nicht von ihr eingenommene Raum aber ist mit den als Oidien zu bezeichnenden Fragmente des im übrigen im Holz verborgenen Pilzes dicht gefüllt. Wo keine Drüsenzellen münden, ist der Ausführgang mit ein- und mehrgipfligen, nach innen gerichteten Chitinzähnen versehen, welche einen unerwünschten Austritt der Pilze und des Sekretes, in dem sie gedeihen, verhindern, während andererseits eine die ganze Einstülpung fächerförmig umziehende Muskulatur diese geradezu zu einer Pilzspritze macht (Abb. 6). Offenbar lag hier ursprünglich lediglich eine das Gleiten der Chitinteile des Legebohrers fördernde Drüse vor und wurde die Einrichtung später im Interesse der Symbiose entsprechend vergrößert und weiterentwickelt. Dafür spricht, daß die einzige Holzwespenart, bei der man keine Symbionten gefunden hat, an dieser Stelle nur eine recht unscheinbare Drüse besitzt.

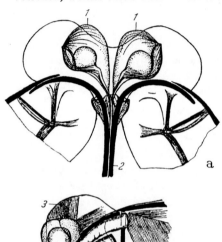

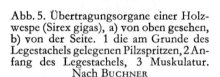

Abb. 5. Übertragungsorgane einer Holzwespe (Sirex gigas), a) von oben gesehen, b) von der Seite. 1 die am Grunde des Legestachels gelegenen Pilzspritzen, 2 Anfang des Legestachels, 3 Muskulatur. Nach Buchner

Es war zwar zunächst nicht klar, wie die Pilze in diese Organe hineingelangen, doch darüber, daß sie, wenn die Wespe ihren Legestachel tief in das Holz bohrt, gleichzeitig von ihnen aus in den Kanal gleiten und das Holz infizieren, konnte natürlich kein Zweifel bestehen (Abb. 7). Aber 15 Jahre nach der Entdeckung dieser Spritzen bemerkte man erst, daß sich in den älteren weiblichen Larven, und nur in diesen, an einer anderen Stelle stets noch ein ganz anders geartetes Symbiontendepot befindet! Wie schon die Spritzen artspezifisch entwickelt sind, so auch das neue Organ, das in einer tiefen Falte zwischen dem ersten und zweiten Hinterleibssegment liegt. Das Chitinskelett bildet hier auf einem scharf umschriebenen Feld Fächer, in denen sich, in Sekret gebettet, kleine Pilzknäuel finden. Das Sekret stammt von einer darunterliegenden, mit Sauerstoff gut versorgten einschichtigen Drüse (Abb. 8).

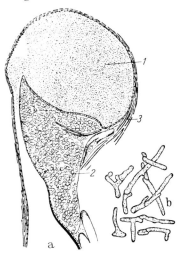

Wieder dauerte es 15 Jahre, bis das Geheimnis um dieses sonst bei keinem anderen Holzinsekt begegnende Organ gelüftet wurde. Die Symbionten der Siriciden verlangen eine ziemlich hohe Feuchtigkeit des Holzes — bei etwa 20% Feuchte stellen sie bereits ihr Wachstum ein —, aber die Larven derselben vollenden ihre Entwicklung oft in völlig trockenem Holz, nicht selten sogar in Balken von Neubauten. Trotzdem findet man auch dann die Spritzen der ausfliegenden Weibchen mit Pilzen gefüllt. Untersucht man nun die rätselhaften Organe an Larven, welche dicht

Abb. 6. a) Eine Pilzspritze von Sirex augur im Längsschnitt, b) Mycelien aus der Spritze. 1 Pilze, 2 Drüse, 3 Muskulatur. Nach BUCHNER

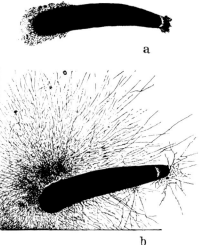

Abb. 7. Sirex augur.
a) Frisch abgelegtes Ei mit pilzhaltigem Schleim an beiden Enden; b) nach 24 Std. sind die Oidien ausgewachsen.
Nach FRANCKE-GROSMANN

vor der Verpuppung stehen, so zeigt sich, daß jetzt die Falten verstrichen sind und daß sich die Drüsen in maximaler Tätigkeit befinden. Während der Verpuppung schwinden die Reste des Organs, und am fertigen Insekt fehlt jede Spur. Was ist geschehen? Die alte abgestreifte Larvenhaut verrät es uns. An ihr finden sich nun an der Stelle der ehemaligen pilzgefüllten Grübchen zahlreiche

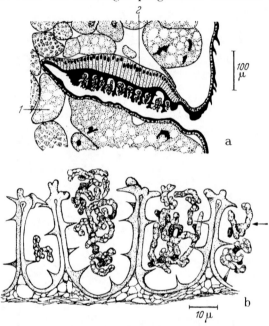

Abb. 8. a) Larvales Symbiontendepot bei Sirex cyaneus; b) stärker vergrößerter Ausschnitt eines solchen bei Sirex gigas. 1 Fettgewebe, 2 das hinter dem Pilzdepot gelegene Drüsenepithel. Nach PARKIN und BUCHNER

schuppenförmige Körperchen, welche nichts anderes darstellen als kleine Kapseln, deren wachsartige, an Plastik erinnernde Hülle von dem Sekret stammt und die im Inneren die einst in der Grube gelegenen Pilze enthalten, welche auf diese raffinierte Weise der Gefahr des Austrocknens entzogen werden (Abb. 9a). Man kann geradezu von einer kleine Symbionten-Konserven herstellenden Fabrik reden. Diese Kapseln trifft man nun aber nicht nur auf der alten Haut, sondern auch frei in der Puppenwiege oder an der Haut der Puppe haftend.

Daß von ihnen die Füllung der Spritzen ausgeht, steht außer Zweifel. Bevor die Wespe beginnt, sich einen Weg ins Freie zu nagen, sind die Pilztaschen zunächst noch leer, sie füllen sich vielmehr erst, wenn das junge Weibchen bei den Anstrengungen des Nagens auch ihre Stachelteile zu bewegen beginnt, dabei die Wachsplättchen zerbrochen werden und die Oidien mit dem Sekret der Intersegmentaltaschen in Berührung kommen. Nun können sie auskeimen und dieselben füllen. Die Pilzfäden wachsen in sie hinein und zerfallen erst in der ausfliegenden Wespe in die Konidien, die den Ausgangspunkt der neuen Kolonien darstellen.

Durch diese einzigartige Erfindung der in besonderen, eigens zu diesem Zweck geschaffenen Organen hergestellten Kapseln wird nicht nur das Erhaltenbleiben der Symbionten über die kritische Zeit der Austrocknung des Holzes hinaus gesichert, sondern zugleich eine Einrichtung geschaffen, welche die Oidien auch vor einer vorzeitigen Belebung durch vorübergehende, zufällige Benetzung des Holzes bewahrt. Unversehrte Kapseln vermögen auch in einer Nährlösung nicht zu keimen. Erst wenn man sie verletzt, kommen nach wenigen Stunden die ersten Schläuche zum Vorschein, und rasch entwickelt sich aus ihnen ein schnallentragendes Mycel (Abb. 9 b).

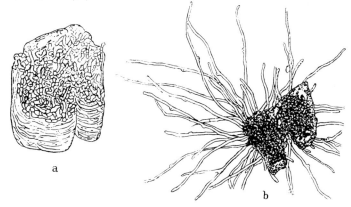

Abb. 9. Sirex juvencus. a) Mit Oidien gefüllte Kapsel, b) die gleiche Kapsel nach 24 Std. mit auswachsenden Pilzen. Nach FRANCKE-GROSMANN

IV. Die Gärkammern Holz
und Moder fressender Insektenlarven

Bei einer Reihe von Insektenlarven, die sich mit einer sehr zellulosereichen und eiweißarmen Kost begnügen, nimmt der Darm eigenartige, offensichtlich mit der Lebensweise zusammenhängende Formen an. Bei den Engerlingen der Maikäfer, bei den in Ameisennestern oder auch in modernden Baumstämmen lebenden Larven der goldgrün glänzenden Rosenkäfer und vielen Verwandten dieser Lamellicornier bildet der Enddarm gewaltige sackartige Erweiterungen, welche so prall mit den Partikeln des zerkleinerten Holzes gefüllt sind, daß sie durch die gespannte Haut hindurch schimmern und bei manchen Formen eine weitgehende Deformation des Körpers bedingen (Abb. 10a). In diesen Räumen verbleibt die Nahrung nicht nur Tage, sondern unter Umständen wochenlang. Eigenartige, beim Rosenkäfer besonders reich verzweigte, feinste Haare tragende chitinöse Bildungen haben sichtlich die Aufgabe, eine zu schnelle Passage zu verhindern.

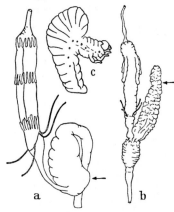

Abb. 10. Gärkammern am Darm von Moder fressenden Insektenlarven. a) vom Rosenkäfer (Potosia cuprea). Nach WERNER. b) von der Fliege Tipula flavolineata. Nach BUCHNER. c) Larve des Pillendrehers (Scarabaeus semipunctatus). Nach HEYMONS und V. LENGERKEN

Bei den Larven der Hirschkäfer (Lucaniden), welche ebenfalls von Mulm und moderndem Holz leben, treibt hingegen der Enddarm an seinem Anfang einen Kranz von Blindsäcken und geht dann sogleich, ohne einen Dünndarm zu bilden, in einen dicken, Wülste tragenden Abschnitt über. Die an tierischen und menschlichen Exkrementen Geschmack findenden Larven des Pillendrehers (Scarabaeus) tragen auf der Rückenseite einen riesigen Ballon, der nur durch einen engen Kanal mit dem übrigen Darm in Verbindung steht und den Körper zwingt, einen steilen Buckel

zu bilden, der den Tieren in ihrem kugeligen Wohn- und Freß-
raum zugleich als Stützorgan bei der Bewegung und Nahrungsaufnahme dient (Abb. 10c). Auch die einheimischen Verwandten
zeigen ähnliche Anpassungen.

Aber nicht nur bei Käferlarven, sondern auch bei Fliegenlarven
stößt man, sobald sie unter entsprechenden Bedingungen leben,
auf solche Anhänge, die man mit gutem Grund als Gärkammern
bezeichnet. Die Larven der Schnacken (Tipuliden) finden sich
zum Teil zwischen modernden Blättern oder in faulendem Schlamm
von Bächen und Gräben, aber andere gehen auch nicht nur
modernde, sondern ziemlich frische Baumstümpfe an. Abb. 10b
führt z. B. den Darm einer Tipula-Larve aus moderndem Eichen-
holz vor, der einen stattlichen, am Enddarm entspringenden
Blindsack trägt.

Vergleicht man jeweils die larvalen Därme von Verwandten,
welche nicht an solche Kost gebunden sind, so stellt man fest,
daß dergleichen Einrichtungen fehlen, und das gleiche gilt für
die Därme der jeweiligen reifen Tiere, welche jetzt von frischem
Laub, von Blütenpollen und Ähnlichem zu leben pflegen. So weist
schon eine vergleichende Betrachtung in zwingender Weise auf
enge Beziehungen zur cellulosereichen Kost hin und weckt den
Verdacht, daß hier vielleicht ebenfalls Beziehungen symbiontischer Art vorliegen. In der Tat ergibt die Untersuchung des Inhaltes dieser Gärkammern, daß sie nicht nur Holzreste, sondern auch
eine reiche Bakterienflora enthalten.

Leider besitzen wir bis heute nur wenige bakteriologische Studien über dieses Zusammenleben. Aber wo man sich mit solchen
befaßte, bestätigen sie die Vermutung, daß es sich um Bakterien
handelt, welche dank der von ihnen produzierten Cellulasen das
Holz so weit abbauen, daß es für das Insekt verwertbar wird.
Impft man etwa eine anorganische Nährlösung mit dem Inhalt
des Blindsackes der Rosenkäferlarve und fügt Filtrierpapier zu,
so ist bei 27° C nach einer Woche von diesem nur noch ein
dünner, pulveriger Bodensatz vorhanden. Es ließ sich weiterhin
zeigen, daß unter den vielen verschiedenen Bakterien, die hier
nebeneinander den Blindsack bevölkern, nur eines die nötige
Cellulase produziert und daß alle anderen mithin nur von den
durch diese entstandenen Abbauprodukten leben. Es hat sich aber

auch gleichzeitig ergeben, daß von der Darmwand eine Protease gebildet wird, welche wirksam wird, sobald von den Bakterien hinreichend Säure produziert wird, um das Darmsekret zu neutralisieren. Der so aktivierten Protease verfallen dann nicht nur die symbiontischen Bakterien, sondern auch die übrigen Sorten sowie die Geißeltierchen, die in den Blindsäcken ebenfalls nicht fehlen und ihrerseits von den verschiedenen Bakterien leben.

Interessant ist, daß sinnvolle Beziehungen zwischen dem Temperaturoptimum der symbiontischen Bakterien und den im Lebensraum der Wirte herrschenden Temperaturen bestehen. Das eine Cellulase produzierende Bakterium der Rosenkäferlarve gedeiht am besten bei $33-37°$ C, und dies ist auch die im Ameisenhaufen herrschende und für das Wachstum der Larven günstigste Temperatur, während man bei dem in Baumstämmen lebenden Nashornkäfer (Oryctes) für Larven und Symbionten ein Temperaturoptimum von $23°$ C festgestellt hat, das auch von den Larven, wenn sie in Behältern mit Temperaturgefälle verweilen, aufgesucht wird.

Es wäre zwar wünschenswert, wenn die bakteriologische Seite dieser Form des Zusammenlebens noch eingehender erforscht würde, aber im Prinzip würde sich dabei kaum etwas ändern. Bei der Ambrosiazucht, bei den Pilzgärten der Ameisen und Termiten und bei der Siricidensymbiose werden die Fähigkeiten holzverwertender Pilze ausgenützt und kommen diese nur vorübergehend zum Zwecke der Übertragung in den Körper des Tieres, während die Insektenlarven mit Gärkammern die ihnen das Holz erschließenden Bakterien nicht außerhalb, sondern innerhalb ihres Körpers züchten. Im Gegensatz zu jenen benötigen sie dabei keine besonderen Übertragungseinrichtungen, da in ihrer Umwelt Bakterien mit den erwünschten Fähigkeiten stets vorhanden sind.

V. Die Flagellatensymbiose im Termitendarm

Wir haben gehört, daß lediglich die höchstentwickelten Termiten gelernt haben, Pilzgärten anzulegen. Bei den ursprünglicheren Gruppen, den Mastotermitiden, Kalotermitiden und Rhinotermitiden, besteht die Nahrung ganz wie bei den Larven der Lamellicornier und Tipuliden aus Holz oder sonstigen cellulosereichen Substanzen. Wie diese vermögen sie keine Cellulase zu bilden, und ihr Enddarm ist eine Strecke weit enorm erweitert (Abb. 11a). Öffnet man diesen Abschnitt, so entquillt ihm eine dicke, milchige Flüssigkeit, in der sich im Gegensatz zu den zum

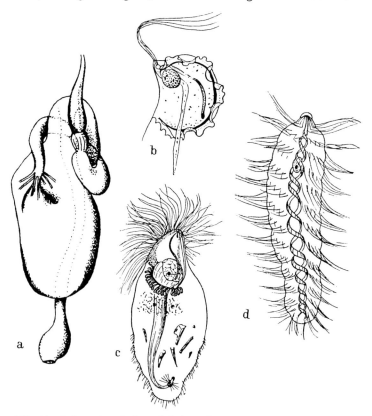

Abb. 11. a) Darmkanal eines Arbeiters der Termite Calotermes flavicollis mit Gärkammer. Nach HOLMGREN. b—d) Symbiontische Geißeltierchen aus dem Termitendarm. b) Trichomonas spec. c) Joena spec. d) Spirotrichonympha spec. Nach HOLLANDE

Vergleich herangezogenen Larven zu Tausenden und aber Tausenden Geißeltierchen der verschiedensten Gestalt drängen. Hat man doch ihr Gewicht auf nahezu die Hälfte des Körpergewichtes geschätzt!

Begreiflicherweise hat diese einzig dastehende Darmfauna schon seit langem das Interesse der Protozoologen geweckt, denn es handelt sich dabei obendrein zumeist um sehr bizarr gebaute, hochkomplizierte Formen, die hier in schier unerschöpflicher Mannigfaltigkeit auftreten. Im wesentlichen gehören sie zu den Poly- und Hypermastiginen, von denen man allein aus den Termiten heute schon mehr als 200 sich auf über 50 Gattungen verteilende Arten kennt (Abb. 11 b, c, d). Ihr Leib ist mit Holzpartikelchen gefüllt, welche sie, da ihnen eine Mundöffnung abgeht, am Hinterende ihres Körpers mit Hilfe von amöboiden Fortsätzen aufnehmen. Läßt man die Termiten einige Stunden hungern, so sind kaum noch freie Holzpartikel im Darm vorhanden, und bei weiterem Nahrungsmangel schwinden sie auch in den Flagellaten, welche mithin in der Lage sind, sie zu verdauen.

Vergleicht man die Därme der verschiedenen Kasten, so stellt man fest, daß die der Arbeiter, welche stets nur Holz fressen, die gewaltigste Auftreibung besitzen, während die nur wenig Holz zu sich nehmenden Soldaten dementsprechend auch einen wesentlich weniger erweiterten Darm und weniger Flagellaten aufweisen. Das gleiche gilt für die vornehmlich mit dem Drüsensekret der Arbeiter ernährten Geschlechtstiere und die völlig auf das Sekret angewiesenen Imagines der Ersatzgeschlechtstiere.

All diese engen Beziehungen zwischen der wechselnden Ausbildung des Darmes, der verschiedenen Ernährungsweise der Kasten und der Entfaltung der Geißeltierchen zusammen mit dem Fehlen einer tiereigenen Cellulase legten natürlich von vorneherein den Gedanken einer Symbiose nahe. Erfreulicherweise machen Experimente, durch welche flagellatenfreie Termiten erzielt wurden, dies zur Gewißheit. Es stellte sich heraus, daß es genügt, die Tiere 24 Stunden lang bei 36 ° C zu halten, um die Flagellaten abzutöten. 10—20 Tage später sind auch die Termiten tot. Vereinigt man sie aber rechtzeitig mit normalen Genossen, so infizieren sie sich erneut durch den Kot, die zunächst spärlichen Flagellaten vermehren sich rasch, und die Tiere vermögen wieder mit der gewohnten Holznahrung zu gedeihen. Bietet man ihnen in symbiontenfreiem Zustand stark zersetztes Holz, so kann der Tod hinausgeschoben werden, bringt man sie in Humus, so bleiben sie am Leben.

Auch die Frage nach der Wertigkeit der verschiedenen Flagellaten, die ja in jeweils für die einzelnen Arten typischen Kombinationen vorkommen, konnte experimentell angegriffen werden, da sich gezeigt hat, daß die einzelnen Sorten, wenn man die Tiere hungern läßt, verschieden lang am Leben bleiben. Als weiteres Mittel, sie schrittweise zu verdrängen, ergab sich die Überführung in reinen Sauerstoff bei einem Druck von 1—1,5 Atmosphären. Auf solche Weise konnte man zeigen, welche Arten bedeutungslos sind, welche den Tod nur hinauszuschieben vermögen und welche, auch wenn sie allein vorhanden sind, unbegrenztes Leben garantieren. Dafür, daß auch die außerdem im Darm vorkommenden Bakterien irgendeine wichtige Rolle spielen, ergab sich keinerlei Anhaltspunkt. Im Bereich des erweiterten Enddarmes vermehren sich die Flagellaten, ohne Gefahr zu laufen, daß sie vom tierischen Partner verdaut werden, aber der hier nicht Platz findende Überschuß wird in den vorangehenden Abschnitt gedrängt, in dem allein eiweißverdauende Fermente produziert werden, und verfällt hier der Resorption. Außerdem ist damit zu rechnen, daß der Abbau der Holzteile im Protozoenplasma so weit geht, daß Stoffe entstehen, welche der Wirtsorganismus verwerten kann.

Wie bei den pilzzüchtenden Ameisen und Termiten die Geschlechtstiere beim Hochzeitsflug die Symbionten mit sich führen müssen, so auch hier. Die Flagellaten werden nicht etwa in Cystenform mit der Nahrung jeweils von neuem aufgenommen, sondern erhalten sich in freibeweglichem Zustand im Darm der Männchen und der Weibchen. Auch wenn in Larvenstadien derselben keine Symbionten vorhanden waren, konnten sie vor dem Ausflug in den erwachsenen Tieren zusammen mit Holzpartikeln festgestellt werden und ließ sich beobachten, wie die jüngsten Larven alsbald am After der Mutter saugen. Schon vor der ersten Häutung fanden sich einige Flagellaten in ihrem Darm, und nach derselben erschienen auch die ersten Holzpartikeln und setzte die Vermehrung der unerläßlichen Symbionten ein.

Davon, daß man auch bei sehr primitiven Verwandten unserer Küchenschaben (Cryptocercus, Familie der Panesthiiden) eine ganz ähnliche Flagellatensymbiose entdeckte, wird noch in anderem Zusammenhang die Rede sein.

VI. Die erblichen Endosymbiosen mit Bakterien und Pilzen

1. Die Lokalisation der Symbionten

a) Die Symbionten im Darm und in seinen Anhangsorganen

All das, was wir bisher von harmonischem Zusammenleben von Tieren mit pflanzlichen Mikroorganismen oder Protozoen erzählt haben, wird von den Einrichtungen, die uns fortan beschäftigen sollen, in den Schatten gestellt. Wohl sind uns auch im Vorangehenden da und dort schon überraschende Anpassungen der Wirte an ihre Gäste begegnet — wir denken an die Symbiose bei den Holzwespen, an die Übertragungsweisen bei den verschiedenen Ambrosiazüchtern —, aber wenn es nun gilt, die *erblichen* Endosymbiosen der Tiere mit Mikroorganismen, also jene auf den ersten Blick so unnatürlichen, aber dennoch lebensnotwendigen und nie eine Unterbrechung erleidenden Bündnisse, zu schildern, so betreten wir erst das eigentliche Märchenland der Symbiose.

Schon wenn zunächst die Frage beantwortet werden soll, wo und wie die Wirtstiere ihre Symbionten unterbringen, stoßen wir auf eine unendliche Mannigfaltigkeit, in der sich der dem tierischen Organismus eigene Erfindungsgeist widerspiegelt, welcher bei den Mikroorganismen kein Gegenstück findet.

Auch bei den erblichen Endosymbiosen bleibt die Lokalisation vielfach an den Darm geknüpft und kann dann sogar einen noch recht ursprünglichen Eindruck machen. Es liegt ja auf der Hand, daß auch beim Erwerb dieser Gäste immer nur die Mundöffnung als Einfallspforte in Frage kommt. Läßt man die mannigfachen Lösungen der Wohnungsfrage an sich vorüberziehen, so konstatiert man immer wieder das Bestreben, die Symbionten nach Kräften dem mit Nahrung gefüllten Raum zu entziehen und den Schwierigkeiten zu entgehen, die dort auftreten, wo im Zusammenhang mit der Metamorphose der larvale Darmkanal mehr oder weniger stürmisch eingeschmolzen und von embryonal gebliebenen Zellnestern neu aufgebaut wird.

All diese Momente begegnen uns z. B. bei den Fruchtfliegen (Trypetiden). Unter ihnen gibt es Formen, bei denen die Symbionten in Larven und Imagines gleichmäßig im Darminhalt verteilt sind, und andere, welche sie auf dem Larvenstadium in vier am Anfang des Mitteldarmes gelegenen Auftreibungen konzentrieren (Abb. 12a, b). Der Umstand, daß diese stilleren Buchten auch dann vorhanden sein können, wenn die Symbionten im ganzen Darm verstreut sind, verrät uns, daß sie keine durch die Symbiose ausgelösten Neubildungen sind, sondern daß hier eine schon vorhandene Einrichtung neuen Bedürfnissen dienstbar gemacht wurde. Nach Einschmelzung des larvalen Darmes finden wir in solchen Fällen die Symbionten in der Imago zumeist weiter rückwärts in eng begrenzten und bald mehr, bald weniger scharf von der übrigen Darmwand abgesetzten Nischen und Ausstülpungen. Bei Tephritis conura aus Distelblüten verteilen sie sich z. B. über eine längere Strecke, während bei einer Sphenella-Art, die in den Blüten von Senecio lebt, die Verbindung mit dem Darm nur noch in einem engen Gang besteht (Abb. 13a, b). Die Olivenfliege hingegen fand einen anderen Ausweg. Bei ihr beherbergt eine unpaare, im Kopf gelegene Ausstülpung des Anfangsdarmes die stäbchenförmigen Gäste (Abb. 12c). Später werden wir hören,

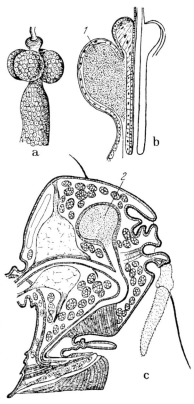

Abb. 12. a) u. b) Die vier mit Bakterien gefüllten Blindsäcke am larvalen Darm der Olivenfliege (Dacus oleae). c) Schnitt durch den Kopf eines reifen Weibchens; 1 Symbionten, 2 die unpaare Ausstülpung des Ösophagus mit Symbionten. Nach PETRI

daß diesem Ringen der Fruchtfliegen um eine immer zweckmäßigere Unterbringung der symbiontischen Bakterien auch eine vom

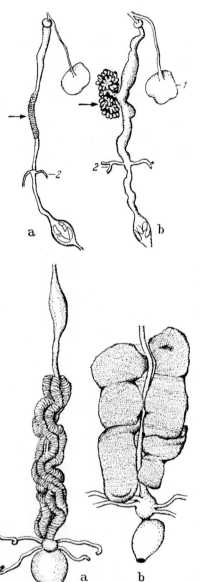

Abb. 13. Imaginaler Darm zweier Fruchtfliegen mit Bakterienwohnstätten; a) Tephritis conura, b) Sphenella marginata. 1 Speicheldrüse, 2 Mündung der Nierenorgane. Nach STAMMER

Einfachsten bis zur Vollendung aufsteigende Reihe von die Vererbung garantierenden Maßnahmen entspricht.

Die Symbionten der sich von Pflanzensäften ernährenden Baum- und Blattwanzen (Heteropteren) leben ebenfalls durchweg im Darmlumen, ohne daß jedoch bei ihnen ein Unterschied zwischen Larven und Imagines besteht. Zumeist sind es zahllose dicht gedrängte Ausstülpungen des hintersten Abschnittes des Mitteldarmes, die hier, zwei- oder vierreihig, mächtige, mit Tracheen reichversorgte Girlanden bilden (Abb. 14a, b, Abb. 53). Bei anderen Arten treten an ihre Stelle schlauchförmige, sich manchmal verästelnde Anhänge, aber nur bei einer einzigen Gruppe

Abb. 14. Darm zweier Blattwanzen mit den von Bakterien bewohnten Ausstülpungen. a) Carpocoris fuscispinus. Nach KUSKOP. b) Acanthosoma haemeroidalis. Nach ROSENKRANZ

von Blattwanzen finden sich die Bakterien gleichzeitig im Lumen des Darmes *und in den Zellen* seiner Wandung und erleben wir somit einen bedeutsamen Schritt zu immer innigerer Verbindung der beiden Partner.

Bei den Hippobosciden, d. h. den „Schafläusen" und ihren an Pferden, Rindern usf. lebenden Verwandten, Zweiflüglern, welche dank der Rückbildung ihrer Flügel und sonstiger Anpassungen

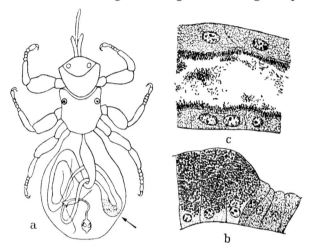

Abb. 15 a) Schaflaus (Melophagus ovinus) mit dem von Symbionten besiedelten Abschnitt des Darmes. Nach ZACHARIAS. b) Grenze zwischen infiziertem und sterilem Darmepithel bei Lynchia maura. c) Symbionten im Darmlumen bei Hippobosca equina. Nach ASCHNER

an die ektoparasitische Lebensweise an Läuse erinnern, vollzieht sich dieser Wandel in der Besiedelungsweise hingegen in breiter Front. Wohl gibt es auch hier noch Formen, bei denen die Bakterien im Nahrungsbrei verteilt sind, der bei den sich im Mutterleib entwickelnden Larven in dem Sekret der sog. „Milchdrüsen", bei den erwachsenen Tieren aber in Wirbeltierblut besteht, jedoch in der Mehrzahl der Fälle infizieren sie in der Imago eine scharf abgesetzte Strecke des Mitteldarmepithels und lösen dabei beträchtliches Zellwachstum aus (Abb. 15 a, b). Die Ausdehnung dieses Abschnittes ist verschieden groß, aber bei den einzelnen Arten derart konstant, daß der Kenner sie daran unterscheiden kann. Die lokale Aufgabe der auch im übrigen Körper der Wirte stets den Gästen gegenüber gewahrten Resistenz ist also auf das Genaueste geregelt. Immer und immer wieder wird es uns auch in Zukunft anmuten, wie wenn da Wächter mit Schlüsseln ihr Wesen trieben und je nach Bedarf und Vorschrift hier und dort für kürzere oder längere Zeit Türen öffnen und wieder schließen oder dauernd geschlossen halten würden. Bei den Larven trifft man hingegen die Symbionten zumeist ebenfalls intrazellular am Anfang des Mitteldarmes. Es tritt also ein ähnlicher Wohnungswechsel ein wie bei den Fruchtfliegen, wo freilich den Symbionten die gleichzeitige Besiedlung der Zellen versagt blieb. Andererseits gibt es aber auch Hippobosca-Arten, bei denen die Bakterien in der Larve noch extrazellulär, in der Imago aber intrazellular leben (Abb. 15 c).

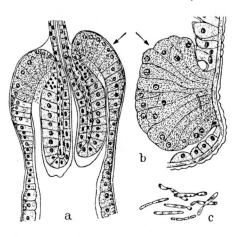

Abb. 16. Symbiontische Bakterien der Tsetsefliege (Glossina palpalis). a) larvaler Sitz, b) imaginaler Sitz, c) isolierte Symbionten. Nach ROUBAUD

Die Glossinen oder Ttsetsefliegen, welche als Überträger der die Schlafkrankheit auslösenden Trypanosomen eine traurige Berühmtheit erlangten, weisen abermals einen ganz ähnlichen Wechsel des Wohnsitzes auf (Abb. 16a, b). Wieder treffen wir hier die Symbionten im vordersten Abschnitt des Mitteldarmes, dem sog. Proventrikel, einer Gegend, die sich besonderer Beliebtheit erfreut, wenn es gilt, einen geeigneten Platz für sie zu finden, während die geschlechtsreifen Tiere eine bestimmte, weiter hinten gelegene Strecke zur Verfügung stellen. Unter den Blutegeln begnügt sich Hirudo medicinalis mit einer Infektion des Darmlumens, während andere Egel, wie Placobdella und Piscicola, den Symbionten paarige Darmausstülpungen und intrazellularen Sitz anweisen (Abb. 17a, b). Hier und bei den übrigen bisher angeführten Beispielen von in der Darmwand blutsaugender Tiere untergebrachten Bakterien tritt stets auch

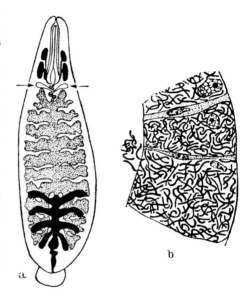

Abb. 17. a) Der Egel Placobdella catenigera mit zwei die Symbionten enthaltenden Ausstülpungen des Ösophagus. b) Ein Stück der Wandung derselben bei stärkerer Vergrößerung. Nach REICHENOW

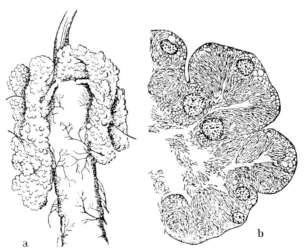

Abb. 18. Die larvalen Bakterienorgane eines Rüsselkäfers (Lixus paraplecticus). a) Anfang des Mitteldarmes. b) Anschnitt derselben bei starker Vergrößerung. Nach BUCHNER

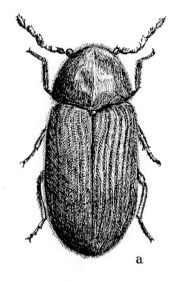

a

ein Teil derselben, besonders nach den jeweiligen Mahlzeiten, in das Darmlumen über.

Auch bei den zahllosen fadenförmigen Bakterien, welche bei gewissen Rüsselkäfern, den Cleoniden, oft sehr ansehnliche traubige Ausstülpungen des vordersten Mitteldarmes erfüllen, leben die Symbionten teils extra-, teils intrazellular (Abb. 18a, b). In anderen Fällen wird die Beschränkung auf diese Zellen strenger durchgeführt. Wir stellen auf Abb. 19b, c, d die vier an der gleichen Stelle gelegenen, untergeteilten Ausstülpungen eines für die experimentelle Symbioseforschung bedeutungsvoll gewordenen Objektes vor. Es handelt sich dabei um den in Küchen und Vorratsräumen oft schädlich werdenden, mit Hefen (Torulopsis) in Symbiose lebenden Brotkäfer (Sitodrepa panicea). Die Anhänge sind am Larvendarm am umfangreichsten; bei der Verpuppung drängt das neue Epithel

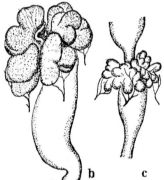

b   c

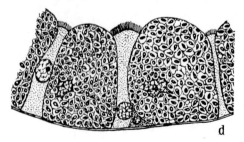

d

Abb. 19. a) Der Brotkäfer Sitodrepa panicea. b) die von Hefen bewohnten Ausstülpungen am Darm der Larve, c) der Imago. Nach KOCH. d) Ausschnitt aus einer larvalen Ausstülpung mit infizierten und sterilen Zellen. Nach BREITSPRECHER

das alte samt den Insassen in das Lumen, wird aber alsbald, wenn auch in schwächerem Maße, wieder infiziert. Wie in zahllosen anderen Fällen führt der starke Symbiontenbefall zu gesteigertem Zellwachstum, während dazwischen nicht betroffene Geschwisterelemente als schlanke Pfeiler — ganz wie bei Placobdella (Abb. 17b) — stehen bleiben. Bei allen verwandten

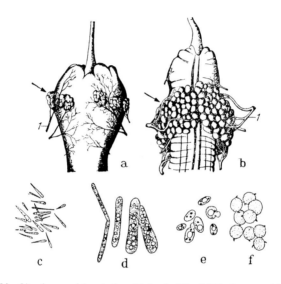

Abb. 20. Sitz der symbiontischen Hefen bei Bockkäferlarven. a) Leptura rubra, b) Oxymirus cursor; 1 den Darm und seine Ausstülpung versorgende Tracheen. Nach BUCHNER. c) Symbionten von Rhamnusium, d) von Criocephalus, e) von Rhagium, f) von Epipedocera, hier in Sporenform. Nach SCHOMANN

Gattungen dieser Anobiiden, die, wie wir hörten, als Holzfresser die ursprüngliche Ernährungsweise beibehalten haben, stößt man auf entsprechende Einrichtungen. Wo es bei den Bockkäfern, deren Larven ja auch von Holz leben, Symbionten gibt, werden ihnen ähnliche Darmausstülpungen angewiesen (Abb. 20a, b). Auch bei ihnen werden, wie bei den Anobien, nur absterbende Symbionten in das Darmlumen befördert. Abermals handelt es sich dabei um Hefen (Monilia-Arten), die von Objekt zu Objekt verschieden gestaltet sind und in Reinkultur kleine Sproßverbände bilden (Abb. 20c—e, Abb. 21b). Wenn sie bei gewissen Arten auch zur Sporenbildung schreiten, so steht dies bei Symbionten nahezu einzig da, denn Entsprechendes hat man sonst bisher nur bei den symbiontischen Leuchtbakterien der Feuerwalzen gefunden (Abb. 20f, Abb. 21a).

Wir übergehen andere vergleichbare Lokalisationen, obwohl auch sie immer wieder Neues bieten würden, müssen aber doch wenigstens davon berichten, daß auch die bei Zecken und Insekten

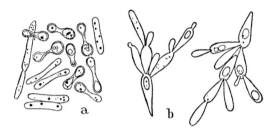

Abb. 21. Bockkäfersymbionten. a) von Spondylis, z. T. Sporen bildend. Nach Buchner. b) von Leptura, in Würze sprossend. Nach Heitz

an der Grenze von Mittel- und Enddarm als Ausstülpungen entstehenden schlauchförmigen Nierenorgane (Malpighische Gefäße) mehrfach bei der Lösung der Wohnungsfrage herangezogen werden. Bei den Ixodinen, zu welchen die Holzböcke gehören, und den Argasiden, zu denen der auf Hühnern lebende Argas persicus und der das Rückfallfieber übertragende Ornithodorus moubata zählt, sind die beiden Nierengefäße nahezu in ihrer ganzen Ausdehnung von fadenförmigen oder kleinste Kokken und Stäbchen darstellenden Bakterien besiedelt, bei den Amblyomminen ist es hingegen bald nur je ein endständiges Viertel oder gar nur eine knopfförmige Anschwellung der beiden Gefäße, die in Anspruch genommen werden (Abb. 22a, b). Die winzigen Rüsselkäferchen, welche der Zoologe als Apioninen — Spitzmäuschen heißen sie im Deutschen — bezeichnet, haben zum Teil zwei ihrer sechs Gefäße geopfert und in keulenförmige, zartgestielte, weitgehend in ihrem Bau veränderte Wohnstätten gewandelt (Abb. 23); in Palmensamen lebende Borkenkäfer (Coccotrypes) hingegen besitzen zwei dünne, stets steril bleibende Malpighische Gefäße und vier wesentlich längere und dickere, in denen ungezählte Bakterien teils in den Zellen, teils im Lumen leben.

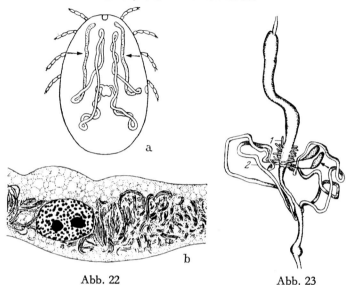

Abb. 22   Abb. 23

Abb. 22. Bakteriensymbiose bei Zecken. a) Rhipicephalus sanguineus mit den eine Strecke weit besiedelten Nierengefäßen. Nach MUDROW. b) infizierte Wandung eines Nierengefäßes von Ixodes. Nach BUCHNER
Abb. 23. Darmkanal eines Rüsselkäfers (Erytrapion miniatum) mit zwei in Symbiontenwohnstätten verwandelten Nierengefäßen; 1 sterile Darmausstülpungen, 2 normal gebliebene Nierengefäße. Nach BUCHNER

b) Die Überwindung der Schranke des Darmepithels

Bei allen an den Darm und seine Anhänge geknüpften Symbiosen stellt dessen Wandung eine unüberwindliche Schranke dar und bleibt der Raum hinter ihm völlig symbiontenfrei. Und doch spricht alles dafür, daß in den zahllosen Fällen, in denen sich die Symbionten heute in diesem Bereich finden, eine mehr oder weniger lange Periode vorausgegangen ist, in der sie im Darmlumen oder im Darmepithel lebten, daß also im Laufe der Stammesgeschichte diese Barriere immer und immer wieder durchbrochen wurde! Die heutigen Symbiosen geben uns aber leider nur ganz vereinzelte Hinweise dafür, wie wir uns diesen so bedeutsamen Schritt vorstellen sollen.

Zunächst ist in diesem Zusammenhang von Bedeutung, daß es eine Reihe von Gruppen gibt, in denen ein Teil der Wirte die Symbionten noch auf die ursprüngliche Weise unterbringt, ein anderer sie aber bereits hinter den Darm verlegt hat. Besonders eindrucksvoll ist das Beispiel der Bettwanze und ihrer weitverbreiteten, an den verschiedensten Tieren saugenden Verwandten. Alle besitzen sie wohl umschriebene, in der Leibeshöhle gelegene Wohnstätten (Abb. 29), aber bei den primitivsten Vertretern, den Primicimiciden, von denen eine in Mexiko an Fledermäusen saugende Art untersucht wurde, leben die Symbionten im Darmepithel! Lange Zeit kannte man von den Blattwanzen nur Formen, welche die im Vorangehenden geschilderten, so auffallenden Anhänge am Darm entwickelt haben, aber später stellte sich heraus, daß die Unterfamilie der Blissinen Gattungen mit Darmblindsäcken *und* solche mit paarigen, hinter dem Darm gelegenen Wohnstätten umfaßt und daß auch in anderen Unterfamilien beide Lokalisationen nebeneinander vorkommen. Unter den Rüsselkäfern besitzen alle Vertreter der Cleoninen vier reich infizierte Darmausstülpungen (Abb. 18a, b), aber nahezu alle anderen von ihnen bekannt gewordenen Symbiosen sind fern vom Darm lokalisiert.

Wir sagen „nahezu", weil wir ja gehört haben, daß es unter den Apion-Arten Formen gibt, welche die Symbionten in zwei umgestalteten Nierengefäßen führen, während die übrigen vier ihre alte Gestalt und Funktion beibehalten haben. Nun gibt es aber unter diesen aufs engste verwandten Tieren auch Arten, welche die nie fehlenden Bakterien entweder in einem primitiven, auf einen Lappen des Fettgewebes zurückzuführenden Zellnest oder in einzelnen für sie reservierten, der Außenseite des Darmes anliegenden Zellen beherbergen. In beiden Fällen aber sind im Gegensatz zu sämtlichen anderen Rüsselkäfern lediglich *vier* Nierengefäße vorhanden, eine Zahl, die nur so zu verstehen ist, daß diese beiden Lösungen jüngeren Datums sind und daß die betreffenden Wirte vordem ebenfalls solche keulenförmige Anhänge besaßen, sie aber, vermutlich wegen ihrer so abwegigen Modifikation, eines Tages abgeschafft haben. Daß diese neuen Geleise aber noch nicht völlig ausgefahren sind, möchte man aus dem seltsamen Befund schließen, daß jene in den Larven hinter dem Darm gelegenen Zellen vor der Metamorphose zugrunde gehen und daß ihr Inhalt wieder — gleichsam aus alter Anhänglichkeit — in die vier nun allein noch vorhandenen Nierengefäße umgeladen wird, wo die Bakterien dann in den Zellen und im Lumen erscheinen.

Bei einem Vertreter der Hippobosciden, der Schwalbenlaus Ornithomyia, können wir diesen Wandel in der Lokalisation aber tatsächlich miterleben. Wir haben gehört, daß alle anderen Vertreter dieser blutsaugenden Zweiflügler die nie fehlenden symbiontischen Bakterien im Darmlumen oder im Darmepithel lokalisieren. Nur bei dieser Gattung besitzen aber die frisch geschlüpften Tiere paarige infizierte Zellansammlungen, welche zwischen dem Darm und der ihn umspannenden Muskulatur gelegen sind. Zu Ballen vereint, drängten sich die bis dahin an den Darm gebundenen, fädigen Bakterien durch das Darmepithel hindurch und wurden von dort auf sie wartenden Zellen aufgenommen.

c) Symbionten im Bereich der Leibeshöhle

Wenn wir uns nun der Schilderung der zwischen Darm und Körperoberfläche gelegenen Wohnstätten zuwenden, sind wir noch mehr als bisher genötigt, uns Beschränkung aufzuerlegen. Viele

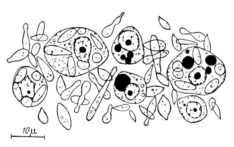

Abb. 24. Symbionten in der Lymphe und in den Fettzellen einer Schildlaus (Lecanium hesperidum). Nach BUCHNER

Schildläuse und Zikaden haben es sich gleichsam leichtgemacht, wenn sie ihren Symbionten, welche dann fast stets Konidien von Ascomyceten, d. h. hefeähnliche Zustände einer ungeschlechtlichen

Fortpflanzung, darstellen, gestatten, sich freitreibend in der Leibeshöhlenflüssigkeit zu vermehren und in mehr oder weniger starkem Grade auch das Fettgewebe zu infizieren, das ja, in unregelmäßige Lappen aufgeteilt, das Abdomen der Insekten weithin einzunehmen pflegt. Zerzupft man den Körper einer der zahlreichen Lecanium-Arten (Schildläuse), so bietet sich ein Zustand, wie ihn Abb. 24 wiedergibt. Überall flottieren die je nach der Art des Wirtes verschieden gestalteten, bald schlanken, bald mehr zitronenförmigen, vielfach Knospen treibenden Hefen, aber auch die Fettzellen enthalten sie allerorts, ohne dadurch zu gesteigertem Wachstum angeregt zu werden, während die kleineren Blutzellen sich als einer solchen Infektion gegenüber resistent bekunden. In anderen Fällen werden solche Fettzellen aber auch zu riesigen Gebilden, in deren Plasma sich eine Unmenge Symbionten drängt und die dann unter Umständen ganz auf die Speicherung von Fetttropfen verzichten können (Abb. 25 b).

Von solchen primitiven Zuständen führt nun eine vielfältig variierte Reihe, vor allem bei den Zikaden, zu bereits höher organisierten Wohnstätten. Oft gesetzmäßig angeordnete Bereiche des Fettgewebes werden dann fast ausschließlich den Symbionten überlassen und nun lediglich von einer einfachen Lage ursprünglich gebliebener Fettzellen umgeben (Abb. 25 a). Dabei entstehen unter dem Reiz der Symbionten größere und kleinere Territorien mit oft zahlreichen, zu gesteigertem Wachstum neigenden Kernen, sog. Syncytien. Eine interessante Variante zeigt uns Abb. 25 c. Hier handelt es sich um eine tropische Schildlaus (Rastrococcus), bei der große, noch reichlich Fett speichernde vielkernige Zonen von einer Lage kleiner Fettzellen umzogen sind und sich im zentralen Bereich um je einen Riesenkern Haufen von Hefen scharen.

Andere Insekten, und zwar wieder vornehmlich Schildläuse, aber auch z. B. alle sich von Hornsubstanz und Blut ernährenden Federlinge und Haarlinge (Mallophagen) lokalisieren ihre Symbionten in weithin im Körper verstreuten einkernigen Elementen, welche sich auf Zellen zurückführen lassen, die bereits zu Beginn der Embryonalentwicklung ausschließlich für diesen Zweck bestimmt werden. Wir nennen im folgenden solche den Symbionten dienende Zellen, im Gegensatz zu sekundär beschlagnahmten Zellen des Fettgewebes oder des Darmepithels, Mycetocyten. Auf

Abb. 26 a durchsetzen solche, nun Bakterien enthaltende Elemente weithin die oberflächlichen Regionen des Körpers eines Stictococcus-Weibchens — auf die überraschende Feststellung, daß das

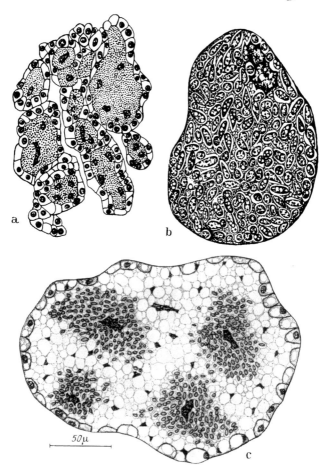

Abb. 25. Symbiontische Hefen im Bereich des Fettgewebes. a) Bei der Zikade Ledra aurita umgeben kleine Fettzellen mit Hefen gefüllte Riesenzellen und Syncytien. b) Riesige Mycetocyte aus dem Fettgewebe der Zikade Issus coleoptratus. c) Fettgewebslappen der Schildlaus Rastrococcus spec.; die Hefen scharen sich um Riesenkerne. Nach BUCHNER

daneben erscheinende Männchen dieser auf das tropische Afrika
beschränkten Schildlaus keine solchen Mycetocyten enthält,

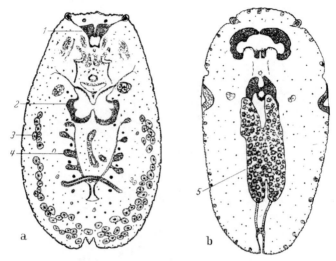

Abb. 26. Flächenhafte Schnitte durch eine weibliche (a) und eine männliche (b) Larve der Schildlaus Stictococcus sjoestedti. 1 Gehirn, 2 Bauch-
mark, 3 randständige Mycetocyten, 4 junges Ovarium, 5 Hoden des
symbiontenfreien Männchens. Nach BUCHNER

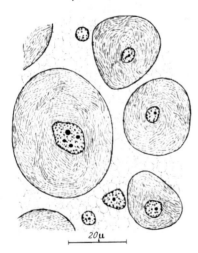

werden wir in der Folge noch
zu sprechen kommen —, und
Abb. 27 stellt einige dicht
mit Bakterien gefüllte, in
das Fettgewebe einer an-
deren Schildlaus-Art ein-
gesprengte Zellen bei stärkerer Vergrößerung dar. Ein
anderes Beispiel, auf das wir
nicht verzichten können, da

Abb. 27. Die mit Bakterien
gefüllten, in das Fettgewebe
gebetteten Mycetocyten der
Schildlaus Rastrococcus spinosus. Nach BUCHNER

in der Folge von interessanten Experimenten die Rede sein wird, welche mit diesem Objekt angestellt wurden, bieten sämtliche Vertreter der über die ganze Erde verbreiteten Küchenschaben und ihre Verwandten. Hier finden sich, bald vereinzelt, bald zu Nestern vereinigt, nicht zu gesteigertem Wachstum neigende Mycetocyten in das Fettgewebe eingelagert, eine Form der Symbiose, welche in ganz ähnlicher Weise bei Mastotermes, einer sehr ursprünglichen Termite, vorkommt (Abb. 28 a, b).

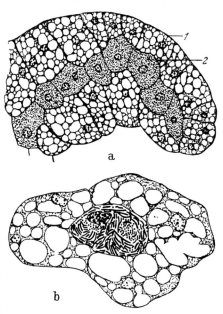

Schließt sich solches frühzeitig reserviertes Zellmaterial zu wohlumschriebenen, organartigen Bildungen zusammen, dann sprechen wir von Mycetomen. Gestalt, Zahl, mikroskopischer Feinbau und Lage sind dann von Fall zu Fall genauso streng erblich fixiert wie bei irgendeinem anderen Organ des Tieres. Die Mannigfaltigkeit dieser Mycetome ist so groß, daß wir uns

Abb. 28. a) Ausschnitt aus dem Fettgewebe der Küchenschabe Blatta orientalis; 1 Fettzellen, 2 Mycetocyten. Nach BLOCHMANN. b) Fettzellen umschließen eine Mycetocyte bei der Termite Mastotermes darwiniensis. Nach KOCH

wieder mit einer Auswahl begnügen müssen. Sehr einfach gebaut sind z. B. die der Bettwanze. Obwohl sich die Hygieniker vielfach mit ihr als einem eventuellen Überträger krankheitserregender Keime befaßt haben, war es den Zoologen vorbehalten, zu zeigen, daß hier beim Weibchen im dritten Segment des Hinterleibes jederseits ein im Leben glasiges rundliches Mycetom liegt, dem im Männchen ein mehr ovales Gebilde entspricht, das an dem siebenteiligen Hoden hängt und daher viel leichter zu finden ist. Eine

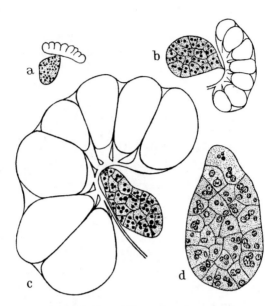

Abb. 29. Postembryonale Entwicklung des Mycetoms einer männlichen
Bettwanze (Cimex lectularius); das Mycetom hängt an dem siebenfäche-
rigen Hoden. Nach Buchner

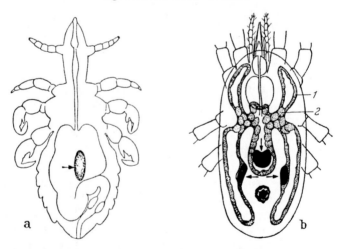

Abb. 30. a) Die Rinderlaus (Linognathus tenuirostris) mit ihrem unpaaren Mycetom. Nach Ries. b) Die Milbe Liponyssus saurarum mit
drei Mycetomen; 1 Darmblindsack, 2 Ovarium. Nach Reichenow

zarte zellige Hülle umzieht die polygonalen, mehrkernigen Mycetocyten, in denen die vielgestalteten Symbionten in Form schlanker
Stäbchen und Kokken leben (Abb. 29a--d).

Auch andere blutsaugende Tiere verwahren ihre Symbionten
nicht, wie so viele, im Bereich des Darmes, sondern hinter ihm.
Unter den echten Läusen entwickeln die Linognathus-Arten, die

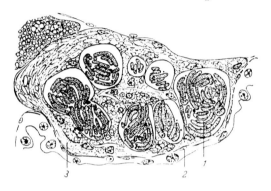

Abb. 31. Schnitt durch das unpaare Mycetom der Kopflaus (Pediculus
capitis). 1 Symbionten, 2 ventrales Körperepithel, 3 Mycetomhülle.
Nach Ries

an Rindern und Hunden saugen, oder die Kleider- und Filzläuse
je ein unpaares Organ, das bei ersteren nackt, bei letzteren von
einer komplizierten doppelten Hülle umgeben ist (Abb. 30a,
31, 79). Aus wenigen einkernigen Zellen bestehen die drei zwischen Darmepithel und -muskulatur geschobenen Mycetome der
auf Reptilien lebenden Milbe Liponyssus saurarum (Abb. 30b).

Die paarigen Mycetome der holzfressenden Bostrychiden flankieren den Darm und sind mittels eines sonst nirgends in dieser
Art vorkommenden Aufhängeapparates an ihm befestigt (Abb. 32).
Wieder ist ein Epithel vorhanden, das die ein- bis zweikernigen
Mycetocyten mit ihren vielfach Rosettengestalt annehmenden
Insassen umspannt (Abb. 33a). Auffallend kompliziert sind die
vier rundlichen, an ganz bestimmten Stellen des Hinterleibes ge-
legenen Mycetome des kleinen Käfers Oryzaephilus surinamensis,
eines heute kosmopolitischen Schädlings der verschiedensten
Cerealien und anderer pflanzlicher Produkte. Die klein bleibenden

Mycetocyten enthalten lange, gewundene Bakterien mit schaumigem Plasma, d. h. weitgehend entartete Gebilde, sowie je einen zentralen, eckigen Kern und eine Anzahl weiterer, sehr kleiner,

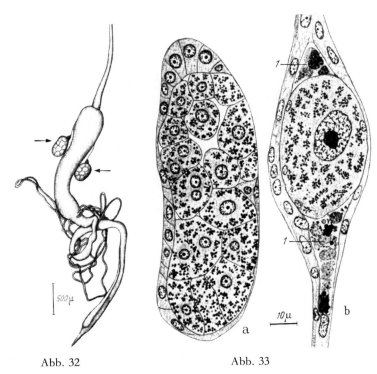

Abb. 32   Abb. 33

Abb. 32. Darmkanal der Bostrychide Scobicia chevrieri mit zwei an ihm befestigten Mycetomen. Nach BUCHNER

Abb. 33. Zwei Mycetome der Bostrychide Sinoxylon sexdentatus. a) Mycetom einer Larve, b) Mycetom eines alten Männchens in fortgeschrittener Auflösung; 1 Reste degenerierter Mycetocyten. Nach BUCHNER

zwischen die Symbionten verteilter Kernchen. Eingebettet sind sie in die Maschen eines protoplasmatischen Gerüstes, das durch einen einzigen großen zentralen Kern ausgezeichnet ist, während eine kernreiche Hülle das ganze Organ umzieht (Abb. 34).

Abb. 35 soll zeigen, daß bei den Rüsselkäfern neben der Lokalisation der Symbionten in Ausstülpungen am Anfang des Mitteldarmes (Abb. 18) und der Besiedelung malpighischer Gefäße (Abb. 23) auch massive Kränze von Mycetocyten als Wohnstätten in Frage kommen, die an der Grenze von Anfangs- und Mitteldarm gelegen sind und verschiedene Mächtigkeit besitzen können.

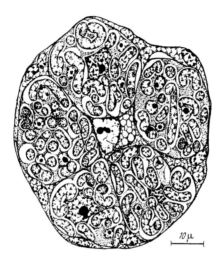

Abb. 34. Kompliziert gebautes Mycetom einer Larve des Käfers Oryzaephilus. Nach KOCH

In wieder anderen Fällen ist an der gleichen Stelle ein Mycetom aufgehängt, das zwar den Darm umzieht, aber vor allem auf der Ventralseite mächtig anschwillt. Dies gilt für die Calandra-Arten, von deren Symbiose noch mehrfach die Rede sein wird (Abb. 35 c).

Unerschöpflich ist die Mannigfaltigkeit der Mycetome innerhalb der durchweg an Pflanzen saugenden Homopteren. Einfach liegen die Dinge noch bei den Aleurodiden, wenn sie durchweg paarige, rundliche Organe entwickeln, die schon bei schwacher Vergrößerung der lebenden Tiere durch ihre lebhafte gelbe Färbung auffallen. Auch die meisten Blattläuse enthalten ein unpaares, zweiflügeliges Mycetom mit zelliger Hülle, welches in einkernigen Zellen stets die gleichen kleinen kugeligen Symbionten enthält. Aber hier begegnet uns nun zum ersten Mal eine Erscheinung, die außerdem vor allem unter den Zikaden, Schildläusen und Psylliden weit verbreitet ist, aber zum Beispiel auch bei einem Käfer (Lyctus, Abb. 63 d) beobachtet wurde und die Komplikation der Symbiosen unter Umständen außerordentlich steigert.

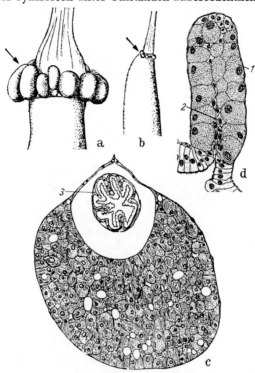

Abb. 35. Wohnstätten der symbiontischen Bakterien bei Rüsselkäfern. Kränze von Teilmycetomen zwischen Anfangs- und Mitteldarm. a) bei Hylobius abietis-larven, b) bei Sibinia pellucens-Larven. Bei Calandra granaria (c) umgreift ein unpaares Mycetom den larvalen Ösophagus. Nach Buchner. d) imaginaler Sitz der Symbionten in Darmzotten (Calandra oryzae). 1 Mycetocyte, 2 Zellachse, 3 Ösophagus. Nach Mansour

Stellt man doch bei vielen Blattläusen fest, daß in dieses Mycetom ein Bezirk eingebaut ist, in dem die Mycetocyten oder ein Mycetosyncytium einen zweiten Gast beherbergen, der sich nicht nur eindeutig von der allgemein vorkommenden Stammform durch seine Gestalt unterscheidet, sondern auch auf allen Stadien des Wirtszyklus, bei der Übertragung, der embryonalen und postembryonalen Entwicklung stets als treuer Begleiter erscheint (Abb. 36, 37). Nicht genug damit, wir kennen sogar eine Reihe von Blattläusen, bei denen sich zu der zweiten Aquisition noch eine dritte gesellt.

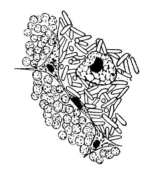

Abb. 37. Die beiden Symbiontensorten von Macrosiphum jaceae bei stärkerer Vergrößerung. Nach KLEVENHUSEN

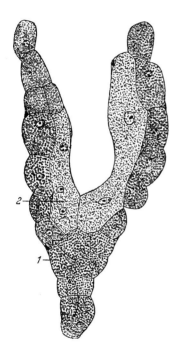

Abb. 36 (links). Unpaares Mycetom einer Blattlaus (Macrosiphum jaceae) mit zweierlei Insassen. 1 die Stammsymbionten, 2 sekundär erworbene Symbionten.
Nach KLEVENHUSEN

Bei den Psylliden ist die Symbiose mit zweierlei Bakteriensorten, die abermals in verschiedenen Bereichen eines Organes untergebracht werden, ganz allgemein verbreitet. Das auch hier gelbliche Mycetom nimmt einen wesentlichen Teil des Hinterleibes ein und ist bald unregelmäßig gelappt, bald zweiflügelig (Abb. 38a, b). Dabei wird eine aus einkernigen Zellen bestehende Randzone offenbar dem älteren Gast und das zentrale Syncytium dem zusätzlichen überlassen, der hier, wie auch bei den Blattläusen, zumeist eine ursprünglichere Gestalt bewahrt.

Wenn wir uns aber nun den Zikaden zuwenden, betreten wir ein Gebiet, auf dem sich die Endosymbiosen zu einer kaum noch zu überschauenden Mannigfaltigkeit steigern. Man hat nicht nur unsere einheimischen, zumeist ja recht unscheinbaren kleinen Formen, wie die verschiedenen Schaumzikaden, eingehend untersucht, sondern auch viele von den zum Teil so farbenprächtigen, oft bizarre Formen und beträchtliche Größe erreichenden Vertretern tropischer und subtropischer

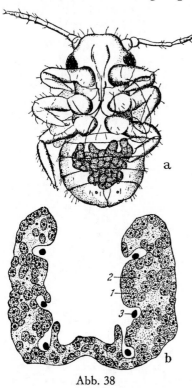

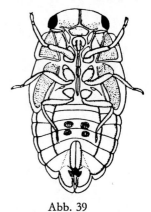

Abb. 38   Abb. 39

Abb. 38. a) Nymphe von Psylla buxi mit unpaarem Mycetom. Nach BUCHNER. b) Schnitt durch das Mycetom von Psylla pirisuga. 1 Mycetocyten mit dem Stammsymbionten, 2 Syncytium mit dem zusätzlichen Symbionten, 3 Querschnitte durch die segmentalen dorsoventralen Muskeln. Nach PROFFT

Abb. 39. Männliche Larve von Hemiodoecus fidelis, einem Vertreter der ursprünglichsten Zikaden, mit vier Mycetomen. Nach H. J. MÜLLER

Faunen studiert. Aber obwohl wir heute von etwa einem halben Tausend Arten ihren Symbiosetyp kennen, bleiben noch so manche Gruppen unerforscht und kann kein Zweifel darüber bestehen, daß wir von einer restlosen Erfassung ihrer symbiontischen Einrichtungen noch weit entfernt sind. Verhältnismäßig selten sind Formen mit einem einzigen Gast. Interessanterweise zählt zu ihnen der einzige bisher untersuchte Vertreter der Peloridiiden, d. h. der ursprünglichsten Zikaden, welche wir kennen, Hemiodoecus fidelis. Auf seine Bedeutung für die Stammesgeschichte der Zikadensymbiose werden wir an anderer Stelle noch zu sprechen kommen. Wenn man ihren Ausgangspunkt am grünen Tisch konstruieren wollte, könnte man ihn sich kaum anders denken (Abb. 39). Vier paarweise angeordnete kleine Mycetome werden von einem sehr flachen Epithel umzogen und enthalten in einem Syncytium schlauchförmige Symbionten von einem sehr weit verbreiteten Typ. Um sich zu verständigen, war man bei den Zikaden genötigt, die verschiedenen Symbiontensorten mit Buchstaben zu bezeichnen, und, nachdem das lateinische Alphabet nicht mehr ausreichte, auch die griechischen Lettern heranzuziehen. Wegen ihrer großen Häufigkeit bezeichnete man die später auch bei jener Peloridiide gefundenen Symbionten als a-Symbionten. Einen anderen monosymbiontischen Typ repräsentieren die lediglich mit „Hefen" (H) lebenden Arten (Abb. 25 a); den dritten, allein noch vorkommenden stellen die wenigen Formen dar, welche ausschließlich einen Vertreter der x-Symbionten enthalten, d. h. hochgradig entartete, riesenhafte Bakterien, welche ebenfalls in der Zikadensymbiose eine bedeutende Rolle spielen (Abb. 75 a).

Welche Fülle von Zikaden mit 2, 3, 4, ja 5 und 6 verschiedenen Symbionten diesen wenigen monosymbiontischen Typen gegenüberstehen, geht aus dem hypothetischen Stammbaum der Abb. 100 hervor. Natürlich können wir nur einige Proben des sich hier austobenden Symbiontenhungers geben. Die beiden großen Gruppen, in welche die Zikaden zumeist zerlegt werden, zeigen auch hinsichtlich der symbiontischen Einrichtungen mancherlei Unterschiede. Hier wie dort kommen a- und H-Symbionten vor, aber bei den Laternenträgern (Fulgoroiden), welche ihren Namen davon tragen, daß man irrtümlicherweise in der ungewöhnlichen Anschwellung ihres Kopfes ein Leuchtorgan vermutete, spielen außerdem als dritter Gast die schon erwähnten x-Symbionten, bei den Cicadoiden die noch zu charakterisierenden t-Symbionten eine bedeutende Rolle. Auch lieben es die ersteren, für jeden ihrer

Gäste ein eigenes Gebäude zu errichten, während die letzteren dazu neigen, ihnen in einem einzigen Haus verschiedene Abteilungen anzuweisen.

Abb. 40 führt das erstere Prinzip an vier Beispielen vor: Eine Tropiduchine enthält ein paariges, gewundenes x-Organ (punktiert) mit seiner der Übertragung dienenden Filiale (s. S. 102) und

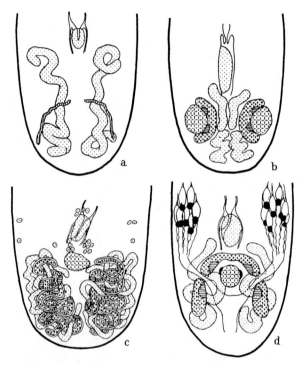

Abb. 40. Schematische Darstellung der Symbiontenwohnstätten von vier weiblichen Zikaden (Fulgoroiden) mit zweierlei bzw. dreierlei Insassen. a) Tropiduchine, b) Cixius nervosus, c) Crepusia nuptialis, d) Bladina fraterna. Erklärung im Text. Nach H. J. MÜLLER

ein ebenfalls paariges, zartes und unauffälliges f-Organ. Cixius nervosus, eine der wenigen bei uns einheimischen Fulgoroiden, zählt hingegen zu den zahlreichen trisymbiontischen Formen; das x-Organ ist hier nochmals beiderseits untergeteilt, die paarigen a-Organe sind sichelförmig (mit Kreuzchen) und legen sich je an ein rundliches (gegittertes) Mycetom mit einem weiteren Begleitsymbionten. Abb. 41 b, c gewährt einen Einblick in die Struktur dieser beiden letzteren Organe. Fulgora europaea lebt zwar ebenfalls im Verein mit dreierlei Symbionten, aber bei ihr gesellt sich zu dem x- und a-Organ ein unpaares, schüsselförmiges

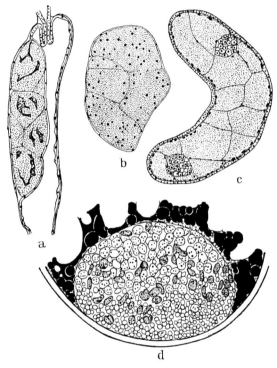

Abb. 41. Die Symbiose der Zikade Cixius nervosus mit dreierlei Symbionten. a) Rektalorgan, b) b-Organ, c) a-Organ, d) die drei Sorten im Ei. Nach BUCHNER

m-Organ (Abb. 78). Bei Crepusia nuptialis (Abb. 40c) beherrscht extreme Schlauchform der Mycetome das Bild. Die Formel dieser zu den Laternenträgern gehörigen Zikade lautet: $a + x + B_1 + B_2$, d. h. zu den beiden nun schon mehrfach angetroffenen Organtypen gesellen sich noch zwei Begleitformen, von denen die eine in jenem kleinen, unpaaren Mycetom vom k-Typ lebt, die andere in dem sonst stets steril bleibenden Epithel des a-Organs eine Bleibe fand und dieses nun allseitig mit ihren zarten, fadenförmigen Bakterien erfüllt. Die Abb. 40 d stellt schließlich das Abdomen von Bladina fraterna dar, in dem außer dem a- und x-Organ ein unpaares n-Organ Platz fand, das hüllenlos ist, aus allmählich verschmelzenden Syncytien besteht und dadurch ausgezeichnet ist, daß von ihm aus in den Eiröhren zahlreiche, wieder der Übertragung dienende Filialen begründet werden (die schwarzen Kugeln der Zeichnung).

Bei den Cicadoiden ist, wie erwähnt, die Errichtung gesonderter Mycetome eine Seltenheit. Wie in *einem*, dann stets paarigen Organ zwei- oder dreierlei Gäste in gesonderten Territorien leben, zeigen die Beispiele der Abb. 42 b, c. Bei Euacanthus interruptus ist der den a-Symbionten zugewiesene Abschnitt nur locker mit dem für die t-Symbionten bestimmten verbunden. Die schlauchförmigen a-Symbionten leben in großen ein- oder mehrkernigen, die anderen in stets einkernigen Zellen. Diese niemals bei Fulgoroiden, aber sehr häufig bei Cicadoiden vorkommenden, sehr charakteristischen Organismen bestehen in die Zellen dicht erfüllenden, Rosetten bildenden Bakterien (Abb. 42 d). Eine Idiocerus-Art aber hat zwischen diesen beiden Bezirken noch für einen dritten Organismus Platz geschaffen, ohne daß daraus Unzuträglichkeiten resultierten (Abb. 42 b). Bei anderen einheimischen Zikaden, wie Neophilaenus lineatus, liegt dagegen ein kleines, für einen Begleitsymbionten bestimmtes Mycetom nur lose in der Nähe des a-Organs, bei Aphrophora salicis rücken andererseits die entsprechenden, hier zweigeteilten Wohnstätten schon in engste Nachbarschaft desselben (Abb. 73 a—c).

Daß all diese Symbiontenhäufung allmählich vor sich gegangen ist, liegt auf der Hand. Näheres über dieses Kapitel der Stammesgeschichte der Symbiose werden wir noch zu bringen haben, aber schon hier sei gesagt, daß es sich zweifellos nicht nur um einfache Additionen handelt, sondern daß solchen vielfach auch Symbiontenverluste parallelgingen und erst aus diesen beiden Prozessen der heutige Zustand hervorging. Auch darf man nicht glauben, daß das harmonische Nebeneinander des Wirtes und seiner unter Umständen so zahlreichen Gäste vom Augenblick der Aufnahme an bestand. In dieser Hinsicht ist die Cicadoidenfamilie der durch ihre bizarren Formen ausgezeichneten Buckelzirpen (Membraciden) von besonderem Interesse, denn das Studium einer sehr großen Zahl vornehmlich südamerikanischer Vertreter hat ergeben, daß hier offenbar die Vermehrung des Symbiontenschatzes noch in vollem Gang ist und daß neben vollendeter Einbürgerung

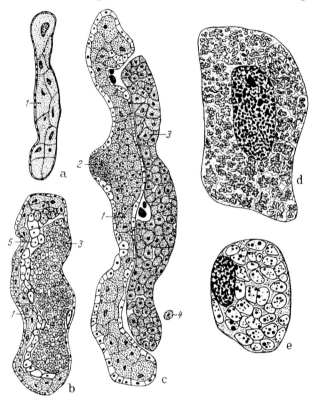

Abb. 42. Die Mycetome von drei verschiedenen Zikaden: a) Männliches a-Mycetom ohne Infektionshügel von Opsius heydeni, b) von Idiocerus stigmaticalis mit dreierlei Symbionten, c) von Euacanthus interruptus mit a- und t-Symbionten, d) eine Mycetocyte von Euacanthus mit letzteren, e) desgl. mit der Übertragungsform der t-Symbionten. 1 a-Symbionten, 2 Infektionshügel der a-Symbionten, 3 t-Symbionten, 4 ausgetretene t-Mycetocyte mit Übertragungsformen, 5 von stäbchenförmigen Bakterien bewohnte Zone. Nach Buchner

auch noch mancherlei Unzuträglichkeiten vorkommen, die zum Teil darauf zurückzuführen sind, daß ja nicht nur die Beziehungen zwischen Wirt und Mikroorganismus, sondern auch die der letzteren untereinander in jeder Hinsicht ausgeglichen werden müssen. Ein Blick auf den Stammbaum der Zikadensymbiose, wo am Ende

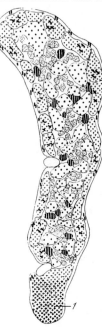

des Membracidenastes je eine Art mit den Formeln $a + H + t + B_1 + B_2 + B_3$ und $a + t + B_1 + B_2 + B_3 + B_4$ steht, läßt ahnen, welche Komplikation hier die Endosymbiose erreicht, aber um einen Einblick in sie zu vermitteln, bedürfte es mehr Platz, als er uns zur Verfügung steht. So begnügen wir uns mit dem Hinweis auf eine schematische Zeichnung des Sammelmycetoms der Membracide Enchophyllum 5-maculatum, auf der die Lokalisation dieser sechs Symbiontentypen angedeutet ist (Abb. 43). Wir würden es einem skeptischen Leser nicht übelnehmen, wenn ihm dabei zunächst der Gedanke an eine Invasion parasitischer Bakterien oder Hefen käme, möchten ihn aber dann bitten, schon jetzt einen Blick auf die Abb. 67c zu werfen, wo er am Hinterende des Eies dieser Zikade die sechs verschiedenen Mycetombewohner in wohldosierten Mengen und zum Teil sogar säuberlich geschieden findet.

Abb. 43. Mycetom der Buckelzirpe Enchophyllum 5-maculatum mit sechserlei Symbionten und endständigem Infektionshügel (1), schematisch. Nach RAU

d) Der Sitz der Leuchtsymbionten

Bevor wir uns dem faszinierenden Kapitel der Übertragungsweisen zuwenden, müssen wir uns noch mit der Lokalisation der Leuchtsymbiosen der marinen Tiere befassen, die begreiflicherweise, da es sich um Wirte mit völlig abweichender Organisation handelt, kaum Vergleichspunkte mit dem bietet, was wir bei Insekten, Zecken, Milben und Würmern erlebten. Handelt es sich ja jetzt um Mollusken, Fische und Manteltiere. Bei den beiden Erstgenannten leben die Leuchtbakterien stets im Lumen der verschiedenartigsten Einstülpungen, sei es der Körperoberfläche, sei es des Darmkanals, bei den letzteren kommt es hingegen zur Aufnahme in Zellen.

Bisher konnte man unter den Tintenfischen lediglich bei den seichteres Wasser bewohnenden Myopsiden mit Sicherheit eine Leuchtsymbiose nachweisen, während offenbar alle Oigopsiden, d. h. jene so reich mit Leuchtorganen ausgerüsteten, größere Tiefen belebenden Formen, dank selbstproduzierter Sekrete leuchten. Manches ist leider auf diesem Gebiet noch unklar geblieben, und eine weitere Erforschung der Tintenfisch-Symbiosen wäre sehr erwünscht. Es bedeutete keine geringe Überraschung, als man feststellte, daß die sich innig durchflechtenden Schläuche der auf die Weibchen beschränkten „akzessorischen Nidamentaldrüsen" der Sepien und ihrer Verwandten Bakterienwohnstätten darstellen. Bis dahin hatte man angenommen, daß sie gemeinsam mit den dicht dahinter gelegenen Nidamentaldrüsen die äußeren Eihüllen liefern (Abb. 44a). Man unterscheidet merkwürdigerweise dreierlei nicht räumlich gesonderte, jeweils getrennt nach außen mündende Schläuche, weiße, gelbe und orangefarbene, und in jeder Sorte lebt ein anderes Bakterium (Abb. 44b). Diese Insassen ließen sich leicht auf künstlichen Nährböden züchten, aber keiner von ihnen vermochte unter diesen Bedingungen zu leuchten. Andererseits wußte man seit langem, daß die Unterseite der Weibchen zur Brunstzeit intensives Licht aussendet. Offenbar entstehen erst dann im Körper der Wirtstiere die hierzu nötigen Voraussetzungen.

Dafür, daß dieses Licht wirklich von den akzessorischen Drüsen ausgeht, spricht auch der Umstand, daß sich nun vor allem bei den kleinen Sepioliden zwar auch einige Arten finden, welche noch auf der Stufe der Sepia stehen geblieben sind, wie z. B. Sepietta (Abb. 44a), andere aber zeigen, wie sich aus diesem Geflecht der Schläuche allmählich immer vollendetere Leuchtorgane entwickelt haben.

Rondeletiola minor repräsentiert noch einen ziemlich ursprünglichen Zustand, wenn bei ihr in der Mitte der akzessorischen Drüse ein aus den gelben Schläuchen bestehender und von den orangefarbenen eingefaßter, *stets* leuchtender Teil abgesondert wird und der Rest der Drüse nur noch aus weißen Schläuchen besteht (Abb. 44c). Immerhin bildet auch hier bereits die Tintendrüse um diesen zentralen Teil einen becherförmigen Pigmentschirm und entsteht aus Muskelfibrillen ein diesen innen auskleidender

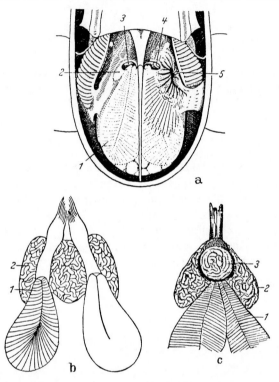

Abb. 44. a) Blick auf den Leib des Tintenfisches Sepietta owenia nach Entfernung des Mantels. 1 Nidamentaldrüse, 2 akzessorische Drüse, 3 gemeinsame Öffnung der beiden, 4 Mündung des Eileiters, 5 Begattungstasche. Nach NAEF. b) die beiden Drüsen bei Sepia elegans. Nach DÖRING. c) bei Rondeletiola minor. 1 Nidamentaldrüse, 2 nicht leuchtender, bakterienhaltiger Teil der akzessorischen Drüse, 3 Leuchtorgan. Nach PIERANTONI

Reflektor. Gleichzeitig wird dieser leuchtende Teil aber auch bereits als selbständiges Organ auf das keine akzessorische Drüse besitzende Männchen übertragen! Eine Euprymma-Art aber zeigt

uns, wie andere Sepioliden aus solchen Anfängen wesentlich vollendetere Zustände entwickelt haben. Die Leuchtorgane haben sich nun auch im Weibchen von der akzessorischen Drüse gelöst und sind als paarige Ge-
bilde dem wieder als Schirm, aber bei entsprechender Kontraktion auch als Abblendeeinrichtung dienenden Tintenbeutel seitlich auf- und eingelagert; der Reflektor ist wesentlich besser ausgebildet, und vor der Lichtquelle liegt jetzt eine glasklare, scharf umschriebene Linse, deren Entstehung bei Rondeletiola nur angedeutet ist (Abb. 45 a, b). Die Versorgung mit Blutgefäßen und Nerven ist nun ebenfalls in vollendeter Weise durchgeführt und verankert die Organe auf das innigste mit dem übrigen Wirtskörper. An keiner anderen Stelle des Tierreiches löst das Vorhandensein symbiontischer Mikroorganismen einen vergleichbaren Aufwand an organisatorischen Leistungen aus!

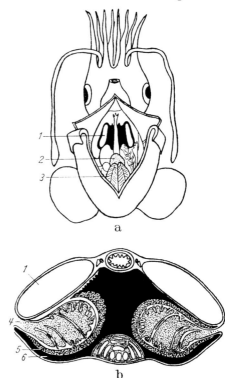

a

b

Abb. 45. Euprymma morsei. a) Männchen mit geöffnetem Mantel, b) Querschnitt durch die Region der Leuchtorgane. 1 Linse des in den Tintenbeutel eingesenkten Leuchtorgans, 2 akzessorische Drüse, 3 Nidamentaldrüse, 4 Öffnung des Leuchtorgans, 5 Reflektor, 6 Tintenbeutel. Nach Kishitani

Sehr abweichend sind hingegen die Leuchtorgane der auch sonst eine Sonderstellung einnehmenden Loligo-Arten. Auch bei ihnen leuchten beide Geschlechter, aber die hier schlank spindelförmigen Linsen flankieren den Enddarm, und unter ihnen liegt je eine „Leuchtdrüse". Die ebenfalls von verschiedenen Bakterienarten bewohnten akzessorischen Drüsen sind abermals auf das Weibchen beschränkt.

Bei all diesen Tintenfischen haben die Leuchtorgane offensichtlich die Bedeutung, das Auffinden der Geschlechter zu erleichtern und das Zusammenbleiben der Schwärme zu garantieren. Jedenfalls bestehen keine Beziehungen zur Nahrungsaufnahme. Das

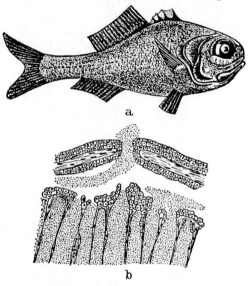

Abb. 46. Anomalops katoptron. a) Gesamtansicht; unter dem Auge das helle Leuchtorgan. b) Öffnung des Leuchtorgans, dessen Falten mit Bakterien gefüllt sind. Nach STECHE

wird anders, wenn wir uns nun den Knochenfischen zuwenden. Hier stellen die von Bakterien bewohnten Leuchtorgane in der Mehrzahl der Fälle eindeutig Lichtfallen dar, welche die Beutetiere anlocken sollen. Bei Anomalops und Photoblepharon, den ersten Fischen, deren Leuchtsymbiose erkannt wurde, handelt es sich um je ein bohnenförmiges, hellgelbes Organ, das dicht unter dem Auge liegt und sich von dem dunklen Körper sehr deutlich abhebt. Selbst im Tode leuchtet es noch lange, so daß die Eingeborenen der Südsee es als Köder benützen (Abb. 46). Der an

den japanischen Küsten häufige Ritterfisch Monocentris trägt die
fremde Lichtquelle, wie eine paarige Geschwulst, am vorderen
Ende des Unterkiefers (Abb. 47). Leiognathus, ebenfalls ein kleiner Fisch seichter Regionen, der an den javanischen Küsten in
Massen gefangen und getrocknet wird, um als Beilage zum Reis
zu dienen, verlegt sein Leuchtorgan mehr in das Innere, denn es
umzieht hier ringförmig den Ösophagus dort, wo er in den Magen

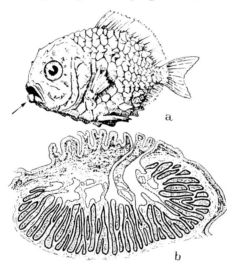

Abb. 47. Monocentris japonicus. a) Gesamtansicht, an der Unterlippe
das Leuchtorgan. b) Schnitt durch letzteres. Nach Buchner

übergeht (Abb. 48). Wenn sich die Angabe bestätigt, daß auch
jenes Leuchtorgan, welches bei Ceratias wie eine Ampel am Ende
eines Tentakels über dem Maule hängt, Leuchtbakterien enthält,
dann würde dies wohl bedeuten, daß die ganze Familie der Pedi-
culaten, bei denen Organe von entsprechendem Bau in mannigfacher Abwandlung vorkommen, zu den Symbiontenträgern zählt.
Überraschend und weniger leicht verständlich ist hingegen die
Lokalisation bei den Macruriden und Gadiden, bei denen zwei
kleine Flecken auf der Bauchseite zwischen den Brustflossen leuchten, und bei den Acropomatiden, wo sich kopfwärts vom After
eine leuchtende Stelle findet, welche die Gestalt einer Stimmgabel

besitzt (Abb. 49a, b). Neuerdings wurde schließlich als achte Familie unter den Knochenfischen auch die der Paratrichich- thyiden in diesen Kreis gezogen, bei denen ein Leuchtorgan rund um den After liegt und in ihn mündet.

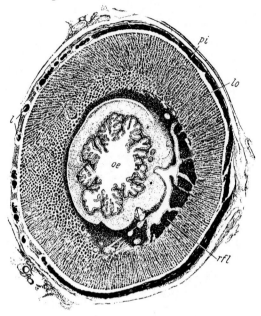

Abb. 48. Leiognathus splendens. Querschnitt durch den Oesophagus und das ihn umgebende Leuchtorgan. *oe* Oesophagus, *lo* Leuchtorgan, *rfl* Reflektor, *pi* Pigment, *l* Linsen. Nach HARMS

In all diesen Fällen handelt es sich wieder um zahlreiche, meist mittels Sammelkanälen nach außen mündende, schlauchförmige Einstülpungen, welche man begreiflicherweise früher, wie bei den Sepien, unbedenklich für Drüsen erklärte, deren Lumen aber stets mit leicht kultivierbaren Bakterien gefüllt ist. Die Abb. 46b, 47b, 48 und 49c lassen dies erkennen. Bei Acropoma ist der zum After führende Ausführgang besonders lang. Den Effekt des Lichtes zu steigern, wurden recht verschiedene Einrichtungen getroffen, welche aber nirgends einen Höhepunkt erreichen, wie er uns bei den Tintenfischen begegnete.

Völlig anders geartet ist schließlich die Leuchtsymbiose der pelagisch lebenden, aus vielen Einzeltieren zusammengesetzten Feuerwalzen (Pyrosomen), welche alle überaus einfache, im Bau kaum variierende Leuchtorgane besitzen. Zwei kleine Ansammlungen einkerniger, von wurstförmigen Bakterien allseitig durchzogener Mycetocyten flankieren ohne jede akzessorische Einrichtung die Ingestionsöffnung, durch welche Atemwasser und die

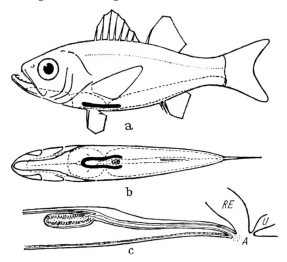

Abb. 49. Acropoma japonicum. a) Seitenansicht, b) ventrale Ansicht mit stimmgabelförmigem Leuchtorgan, c) medianer Längsschnitt durch den unpaaren Teil des Leuchtorgans und seinen Ausführgang. *A* After, *Re* Rectum, *U* Mündung des Urogenitalganges. Nach YASAKI und HANEDA

als Nahrung dienende Kleinlebewelt in den Kiemendarm übertreten. Abb. 50a gibt ein Individuum einer solchen Kolonie mit einem der beiden Leuchtorgane wieder und läßt links unten den sog. Stolo prolifer erkennen, jenen Fortsatz, an dem sich auf ungeschlechtlichem Wege eine Kette weiterer Individuen bildet, welche in der Folge zwischen die älteren Glieder eingeschoben werden. An dem ältesten ist ebenfalls bereits das junge Leuchtorgan zu erkennen. Wahrscheinlich ist auch das Leuchten der verwandten Salpen auf symbiontische Bakterien zurückzuführen.

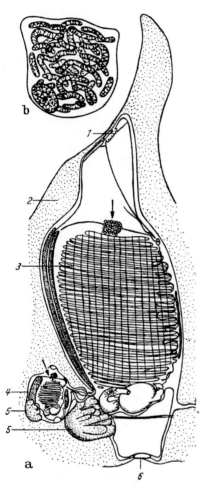

Da hier jedoch noch einige Punkte der Klärung harren, wollen wir von ihrer Behandlung absehen.

2. Die
Wege der Übertragung

a) Die schlüpfenden Larven infizieren sich mit dem Ei äußerlich beigegebenen Symbionten

Staunend haben wir wenigstens einen Teil der vielen Möglichkeiten an uns vorüberziehen sehen, welche sich den Tieren boten, als sie vor die Aufgabe gestellt wurden, die für sie lebensnotwendigen Mikroorganismen in ihrem Körper reibungslos anzusiedeln, aber nun tritt ein noch schwierigeres Problem an sie heran. Auch die Nachkommen sollen ja für alle Zeiten der kostbaren Erwerbung teilhaftig bleiben. Den Wegen nachzugehen, auf denen dieses Ziel erreicht wird, und zu erleben, wie immer wieder andere Maßnahmen zu diesem Zweck ersonnen werden, stellt wohl das Reizvollste dar, was die Erforschung der Endosymbiose zu bieten hat.

Abb. 50. a) Feuerwalze, Einzeltier der Kolonie in seitlicher Ansicht mit einem der beiden Leuchtorgane. 1 Ingestionsöffnung, 2 Gallerte, 3 Kiemendarm, 4 am Stolo prolifer knospendes junges Tier, 5 Geschlechtsdrüse, 6 Egestionsöffnung.
Nach Seeliger.
b) Eine der Mycetocyten des Leuchtorgans.
Nach Pierantoni

Nur in den seltensten Fällen bleibt die Infektion der Nachkommen dem Zufall überlassen. Begreiflicherweise kann sich dies die Natur nur dort gestatten, wo die Symbionten in der Umwelt stets in Menge vorhanden sind. Das ist bei fast allen Algensymbiosen der Fall und gilt für die lockeren, an das Darmlumen gebundenen Symbiosen Moder fressender Insekten, wie jener Tipuliden- und Lamellicornierlarven. Aber auch die Leuchtbakterien, welche bei Tintenfischen und Fischen zu hochentwickelten Bildungen geführt haben, infizieren jedesmal von neuem die vorausschauend angelegten Einstülpungen der Haut oder des Darmes. Das nötige Angebot an phosphoreszierenden Bakterien ist im Meer überall vorhanden, und die Anlagen der Leuchtorgane füllen sich bei den Tintenfischen, wo die Verhältnisse bisher allein untersucht werden konnten, alsbald mit einem an den verschiedensten Bakterien reichen Detritus. Trotzdem finden sich aber nach einiger Zeit in den Organen lediglich die von Art zu Art spezifischen Kombinationen von Bakterienstämmen, was nur so gedeutet werden kann, daß die Lebensbedingungen in den Organen derart differenziert sind, daß nur diese sich halten können und andere, unerwünschte Keime zugrunde gehen müssen.

Die engen Lagebeziehungen, welche bei den Tintenfischen zwischen den akzessorischen Drüsen und den die Eihülle liefernden Nidamentaldrüsen bestehen, ließen zunächst daran denken, daß auf diesem Wege die die Eier umgebende Kokonflüssigkeit und damit die in ihr heranwachsenden Embryonen infiziert würden, doch hat sich dies nicht bestätigt. Aber in anderen Fällen, in denen sich die Eier in Kokons flottierend entwickeln, wurde dieser Weg tatsächlich eingeschlagen. So wird beim medizinischen Blutegel und seinen Verwandten bereits bei der Bildung des Kokons dessen Inhalt mit den symbiontischen Bakterien versetzt und das Darmlumen vor dem Schlüpfen infiziert. Das gleiche erlebt man bei den Regenwürmern, bei welchen in den sich in jedem Segment nach außen öffnenden Nierenorganen symbiontische Bakterien leben.

Solche noch recht einfache Anpassungen leiten hinüber zu den zahlreichen Fällen, in denen das Muttertier jedem einzelnen Ei bei der Ablage einen kleinen Symbiontenvorrat mitgibt und ihn so anbringt, daß er mit Sicherheit als erste Speise von den schlüpfenden

Larven aufgenommen wird. Dieses Mittel wird vielfältig variiert und begreiflicherweise überall dort gewählt, wo die Symbionten im Darmlumen, in der Darmwand oder in Anhängen des Darmes untergebracht sind. Die blutsaugenden Raubwanzen Rhodnius und Triatoma stehen in dieser Hinsicht auf einer noch recht unvollkommenen Stufe. Ihre Bakterien gelangen wohl bei der Eiablage ohne weitere anatomische Einrichtungen durch Verunreinigung aus dem After auf die Eioberfläche und ermöglichen damit die Infektion der sie abtastenden Larven, aber oft scheint dies nicht auszureichen und gewährt dann deren Gewohnheit, am Kot der Genossen zu saugen, die Garantie für die Kontinuität der Symbiose.

Anders die Fruchtfliegen (Trypetiden), welche uns eine klare Reihe immer vollendeterer Lokalisation der Symbionten vorgeführt haben. Sie haben auch die Übertragungsweise dementsprechend Schritt für Schritt verbessert. Diffuse Verteilung im Speisebrei geht Hand in Hand mit einfacher Besudelung der Eischale mit Kot und Bakterien. Andere Arten bilden eine kurze Strecke weit am Enddarm als Bakterienreservoir dienende Längsfalten und schaffen eine Verbindung zwischen Enddarm und Vagina. Diese neuen Depots werden dann immer ausgedehnter und erreichen bei der Olivenfliege ihren Höhepunkt (Abb. 51 a, b, c). Bei ihr finden sich in der Gegend der Verbindung mit dem weiblichen Geschlechtsweg rund um den Darm zahlreiche flaschenförmige, mit Bakterien gefüllte Ausstülpungen. Parallel diesen beiden koordinierten Reihen der Vervollkommnung geht aber noch eine dritte! Dort, wo die Eischale feine Öffnungen besitzt, welche für die Samenzellen geschaffene Wege darstellen, bilden sich immer voluminösere Hohlräume, welche geeignet sind, die bei der Eiablage ausgepreßten Bakterientropfen festzuhalten, und die dazu geführt haben, daß hier, und nur hier, soweit wir wissen, die Symbionten schon vor dem Schlüpfen auf dem zunächst für ganz andere Zwecke geschaffenen Wege in den Raum zwischen Eischale und Larve übertreten und diese bereits mit infiziertem Darm schlüpft (Abb. 51 d).

Die an Wolfsmilcharten saugenden Erdwanzen (Cydniden), von denen neuerdings die Gattung Brachypelta untersucht wurde, haben den Gedanken, den After in den Dienst der Übertragung zu stellen, in vollendeter Weise entwickelt. Fast das ganze Leben dieses Tieres, Begattung, Eiablage, larvale Entwicklung, spielt sich im Sande verborgen ab. Infolgedessen wußte man vorher nicht, daß die Weibchen bei ihren Eigelegen und bei den jungen Larven verharren und sie, wenn nötig, auch verteidigen. Die wenige Stunden alten Nachkommen kriechen auf und unter der

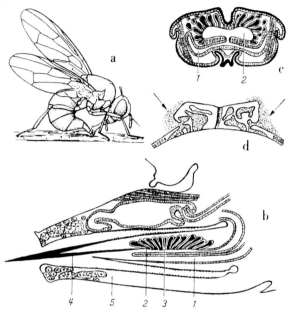

Abb. 51. Übertragung der Symbionten der Olivenfliege (Dacus oleae). a) Die Fliege senkt ein Ei in die Olive und leckt die austretende Flüssigkeit auf. b) Der Legeapparat im Längsschnitt; c) Querschnitt an der Verbindungsstelle zwischen Enddarm und Vagina; d) Mikropyle und bakteriengefüllte Hohlräume nach Ablage des Eies. 1 Vagina, 2 Enddarm, 3 Bakterienreservoire, 4 Legestachel, 5 den Legeapparat umhüllendes Hinterende. Nach PETRI

Mutter herum, klammern sich an ihr fest und folgen ihr, sobald sie ihren Sitzplatz ändert. 8—9 Tage lebt die Familie so vereint (Abb. 52). Dabei bevorzugen die Larven die Unterseite des mütterlichen Körpers, denn hier treten von Zeit zu Zeit glasklare, deutlich vom Kot verschiedene Tröpfchen aus. Sie stellen Aufschwemmungen der auch bei Brachypelta in Darmausstülpungen lebenden Symbionten dar! Wie diese „stillende" Tätigkeit des Muttertieres mit einer gewaltigen Symbiontenvermehrung Hand

a   b

Abb. 52. Weibchen der Blattwanze Brachypelta aterrima. a) mit Eiern b) mit Larven. Nach Schorr

in Hand geht, zeigt uns Abb. 53, welche den die Symbionten enthaltenden Abschnitt des Mitteldarmes bei einem reifen Männchen, einem reifen Weibchen und einem brutpflegenden wiedergibt.

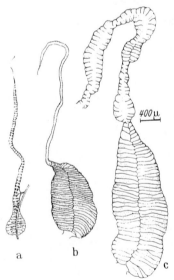

Der Bakterienvorrat der ersteren ist hochgradig reduziert, der des Weibchens schwillt, während die Jungen saugen, enorm an und erfüllt auch einen kopfwärts gelegenen, bis dahin leeren Abschnitt.

Bei anderen Blattwanzen, den vor allem auf der östlichen Halbkugel vorkommenden Plataspiden, sorgt die Mutter in anderer, nicht weniger rührender Weise für den Symbiontenerwerb ihrer

400 μ

Abb. 53. Brachypelta aterrima. a) Der Symbionten führende Kryptendarm eines reifen Männchens, b) eines reifen Weibchens, c) eines brutpflegenden Weibchens. Nach Schorr

a   b   c

Kinder. Bei dem einzigen auch in Mittel- und Südeuropa vorkommenden Vertreter Coptosoma scutellatum weist der Darm der beiden Geschlechter bedeutungsvolle Unterschiede auf, die dadurch bedingt sind, daß in dem auf die Symbiontenwohnstätten folgenden Abschnitt beim Weibchen seltsame, sonst bei keiner Wanze beobachtete Kapseln gebildet werden, welche mit einer

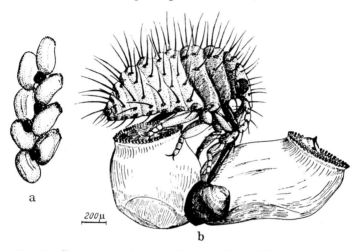

Abb. 54. Übertragung der Symbionten bei der Wanze Coptosoma scutellatum. a) Eigelege und mit Symbionten gefüllte Kapseln. b) eine frischgeschlüpfte Larve sticht eine der Kapseln an. Nach H. J. MÜLLER

Aufschwemmung der Bakterien gefüllt sind und bei der Ablage der Eier in regelmäßigen Abständen zwischen diese gesetzt werden (Abb. 54a). Abermals machen sich dann bei den Neugeborenen spezifische Instinkte bemerkbar, welche uns an ihr Verhalten bei Brachypelta erinnern. Nach einer Ruhepause von 10—15 min beginnen sie unruhig auf dem Gelege hin und her zu laufen und stechen dabei mit ihrem Rüssel zwischen den Eiern in die Tiefe, bis sie auf eine der Kapseln gestoßen sind. Dann senken sie den Rüssel in diese und saugen in einer halben bis einen Stunde ihren Inhalt aus (Abb. 54b). Jetzt erst erwacht dann der Instinkt, sich an die Blätter der Kronwicke, ihrer Futterpflanze, zu begeben. Wie sehr die jungen Larven von der Starrheit dieses lebensnotwendigen, durch die Symbiose ausgelösten Instinktes beherrscht werden, zeigt ihr Verhalten an Gelegen, bei denen man die Kapseln vorher entfernt hatte. Ruhelos irrten sie auf ihnen herum, bis man nach 4 Std. die Beobachtung abbrach.

Im allgemeinen machen es jedoch die Blattwanzen ihren Nachkommen nicht so leicht. Die Symbionten vermehren sich zwar auch sonst im reifen mütterlichen Körper beträchtlich, aber sie verunreinigen lediglich da und dort vom After aus die Eischale, und die Junglarven müssen ihre Oberfläche mit dem Rüssel abtasten, um sich zu infizieren. Eine eindrucksvolle Ausnahme machen hingegen die Acanthosominen, eine Gruppe, bei welcher sich die sonst stets mit dem Darmrohr in Verbindung bleibenden Ausstülpungen in älteren Larven völlig gegen dieses abschließen, so daß es zur Zeit der Eiablage symbiontenfrei ist. Nie verlegen, wenn es gilt, einer neuen Situation gerecht zu werden, schaffen diese Tiere in unmittelbarer Nachbarschaft der weiblichen Geschlechtsöffnung ein paariges Übertragungsorgan, in das vor der Abriegelung ein Teil der Symbionten gelangt. Es könnte nicht besser konstruiert sein! Die Bakterien liegen in zahllosen Chitinröhrchen wohlgeborgen, und nur durch die herabgleitenden Eier wird notwendigerweise jeweils ein Teil des Inhaltes nach der Geschlechtsöffnung gequetscht und gelangt so auf die Eischalen.

Allgemein nötig werden solche „Beschmierorgane" natürlich erst dort, wo die Symbionten nicht im Lumen des Darmes, sondern in Zellen seiner Wandung untergebracht sind. Auch dann stoßen wir auf recht verschiedene, aber stets dem gleichen Zweck dienende Lösungen. Zumeist handelt es sich abermals um irgendwelche mit Chitin ausgekleidete, in enger örtlicher Beziehung zum Legeapparat stehende Reservoire. Bei den Cleoniden, jenen Rüsselkäfern, welche symbiontische Bakterien in Ausstülpungen am Anfang des Mitteldarmes führen, münden in das Futteral, welches in der Ruhelage den Legeapparat birgt, zwei keulenförmige Symbiontenbehälter mit engem Ausführgang. Ihre Wandung ist gefaltet und mit Chitindornen besetzt, die die Aufgabe haben, die Symbionten zurückzuhalten. Eine wohlentwickelte Längsmuskulatur überzieht sie und ermöglicht eine dosierte Abgabe der Bakterien auf die Eioberfläche (Abb. 55). Hier und in den folgenden Fällen besitzen die schlüpfenden Larven beißende Mundteile, fressen beim Sprengen der Eischale einen Teil derselben und infizieren sich so.

Ein zwiefaches Symbiontendepot besitzen die Brotkäfer (Sitodrepa) und ihre Verwandten. Wieder münden an der gleichen Stelle wie bei den Cleoniden zwei diesmal schlauchförmige, tief in den Körper reichende Anhänge, die nun hier mit Hefen

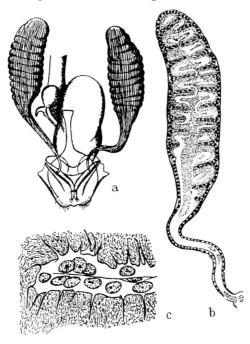

Abb. 55. Übertragung der Symbionten bei dem Rüsselkäfer Cleonus piger. a) Legeapparat mit zwei Bakterienspritzen. b) eine Spritze im Längsschnitt. c) Wandung der Spritze mit chitinösen Haaren und Bakterien. Nach BUCHNER

gefüllt und außerdem mit einer einseitigen Lage Drüsenzellen versehen sind, aber keine so vollendete Muskulatur besitzen (Abb. 56a, b). Zu diesen „Intersegmentalschläuchen" gesellen sich jetzt aber noch „Vaginaltaschen"; zwei sich auf der Bauchseite überdachende Chitinplatten riegeln ihren wertvollen Inhalt gegen die Außenwelt ab, und eine Reuse von Sperrhaaren verhindert den unzeitigen Übertritt der Hefen in die weiblichen Geschlechtswege (Abb. 56c). Wenn aber ein Ei durch das enge Legerohr gleitet, quetscht es wieder einen Teil der Hefen vor sich

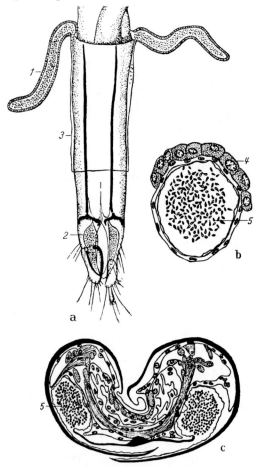

Abb. 56. Übertragung der Symbionten bei den Anobiiden (Sitodrepa panicea) I. a) Legeapparat mit zweierlei Hefen enthaltenden Reservoiren. b) Querschnitt durch einen der Intersegmentalschläuche, c) durch den Legeapparat mit Vaginaltaschen. 1 Intersegmentalschlauch, 2 Vaginaltasche, 3 Rest des bei der Präparation entfernten, den Legeapparat in der Ruhelage umhüllenden Hinterleibes, 4 Drüse, 5 die symbiontischen Hefen. Nach Breitsprecher

her und taucht so beim Austritt in einen Symbiontenpfropf. Da und dort kleben dann die Pilze an der höckerigen Schale, und wenn die Larven ein gut Teil derselben verzehren, gelangen auch sie in den Darm und treten alsbald in die auf sie wartenden Ausstülpungen über, ohne sich je in einen anderen Bereich des Darmepithels zu verirren (Abb. 57a, b). Auch die Bockkäfer besitzen stets derartige, unter Umständen noch längere Intersegmentalschläuche, jedoch niemals ein zweites Hefenreservoir, ohne daß jedoch deshalb die Sicherung der Beschmierung leiden würde.

Wir müssen es uns versagen, auf die Fülle der Varianten

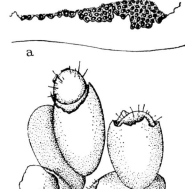

Abb. 57. Übertragung der Symbionten bei den Anobiiden (Anobium striatum) II.
a) Die Hefen haften nach der Ablage an der Oberfläche des Eies.
b) Die Larven fressen beim Schlüpfen Teile der Schale und Hefen.
Nach BUCHNER

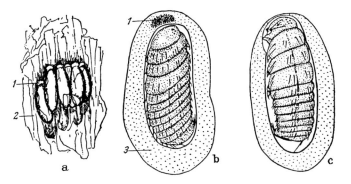

Abb. 58. a) Eigelege des Käfers Cassida viridis; jedes Ei trägt ein Bakterienkäppchen. b) u. c) Larve des Schilfkäfers Donacia semicuprea, vor (b) und beim (c) Schlüpfen, dabei einen vor dem Kopf gelegenen Bakterienschwaden fressend. 1 die Symbionten, 2 lamellöse, die Eier umgebende Kittsubstanz, 3 gallertige Eihülle. Nach STAMMER

solcher Organe einzugehen, welche man bei den frisches und moderndes Laub verzehrenden Wollkäfern (Lagriiden) entdeckte, möchten aber dem Leser wenigstens die in mehrfacher Hinsicht abweichende Lösung nicht vorenthalten, welche gewisse Blattkäfer (Chrysomeliden) gefunden haben. Sie haben teils direkt in die Vagina mündende Depots errichtet, teils zwei Nierengefäße eine Strecke weit infiziert, um von hier aus die Eier zu versorgen. Dank wohlgeordneter rhythmischer Tätigkeit sitzt dort, wo sich später die Larve aus der Schale befreit, bei Cassida vor jedem Ei eine Bakterienhaube und bei Donacia umschließt die von der Vagina gelieferte Kittmasse eine ebenfalls scharf umschriebene Symbiontenansammlung, welche den Larven zwangsläufig geradezu in den Mund fällt (Abb. 58).

b) Die Eizellen werden im mütterlichen Körper infiziert

Vor eine völlig andere Situation wird der tierische Organismus überall dort gestellt, wo die Symbionten die Schranke des Darmes überwunden haben, denn damit werden ja einerseits Übertragungen, wie die bisher geschilderten, ausgeschlossen, bieten sich aber andererseits Möglichkeiten, welche sogar eine noch größere, ja eine absolute Sicherheit des Beisammenbleibens garantieren. Nichts steht nun im Wege, die Symbionten unmittelbar in die stets eng benachbarten Eizellen zu schicken. Auf den ersten Blick scheint dies sogar eine viel einfachere Lösung zu sein, die keine besonderen Organe oder Instinkte benötigt. Dafür treten nun aber neue, komplizierte Maßnahmen erfordernde Schwierigkeiten auf. Die Darmsymbionten haben fast durchweg ihre ursprüngliche Gestalt bewahrt und eignen sich daher ohne weiteres für eine Vererbungsweise, die sie in regelmäßigen Intervallen für kurze Zeit aus dem tierischen Körper entläßt. Das unter Umständen seit Jahrmillionen nie unterbrochene Leben in Mycetomen hat hingegen vielfach zu weitgehender Entartung der Bakterien geführt, welche sie für die Ei-Infektion ungeeignet macht und eine Umzüchtung erfordert. Weitere Komplikationen erwachsen aus dem Umstand, daß es sich jetzt ja vielfach um ein Zusammenleben mit mehreren Symbiontensorten handelt, die alle in die Eizelle dirigiert werden müssen, und daß nun auch die Embryonalentwicklung, welche bisher steril verlief, vor die Aufgabe gestellt wird, sich mit der Existenz der fremden Keime abzufinden.

Unter Umständen erscheinen die Symbionten schon im Laufe der Embryonalentwicklung oder auf jungen Larvenstadien in den Anlagen der weiblichen Geschlechtsdrüsen. Bei den Rüsselkäfern gelangt ein Teil der Symbionten sogar bereits in die Urgeschlechtszellen und wird so denkbar früh für die Kontinuität des Zusammenlebens gesorgt. Bereits vor Beginn der Entwicklung wird eine besonders dichte Bakterienmenge am hinteren Pol des Eies, d. h. dort, wo sich vielfach bei den Insekten die Geschlechtszellen schon während der Furchung absondern, bereitgestellt. Steigen dann die Kerne im Laufe der Blastodermbildung zur Eioberfläche empor, so sinken sie notwendigerweise auch in jene Symbiontenansammlung und schließen sie in Zellen ab, aus welchen beiderlei Geschlechtsdrüsen hervorgehen. In den männlichen Urgeschlechtszellen gehen die Symbionten alsbald zugrunde, in den weiblichen vermehren sie sich im weiteren Verlaufe beträchtlich.

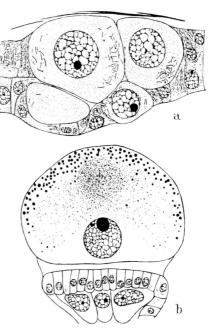

Abb. 59. Ei-Infektion bei der Zecke Ixodes hexagonus. a) Keimepithel und junge Eizellen infiziert. b) Konzentration der Bakterien in einem etwas älteren Ei vor dem Abschluß. Nach Buchner

Nicht ganz so früh werden bei den Zecken die noch wenigzelligen Gonaden und die Nierengefäße gleichzeitig infiziert (Abb. 59). Wieder sterben die Symbionten in der männlichen Geschlechtsdrüse, während sie die weibliche alsbald durchsetzen.

In den heranwachsenden Eizellen setzt abermals eine lebhafte Vermehrung ein; anfangs scharen sie sich in zwei Gruppen, vereinigen sich dann vorübergehend zu einem einzigen, runden, neben dem Eikern gelegenen Ballen, finden sich aber im ausgewachsenen, dotterreichen Ei schließlich eng vereint als periphere Ansammlung. Die beträchtliche Vermehrungswelle wie die komplizierten Verlagerungen werden vom Wirt auf das genaueste

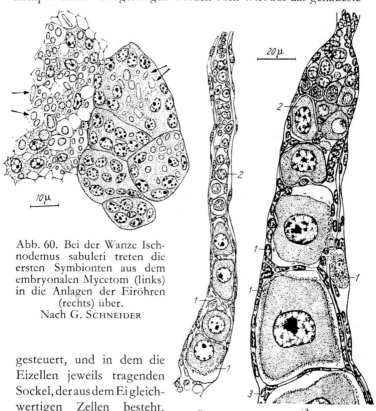

Abb. 60. Bei der Wanze Ischnodemus sabuleti treten die ersten Symbionten aus dem embryonalen Mycetom (links) in die Anlagen der Eiröhren (rechts) über.
Nach G. Schneider

gesteuert, und in dem die Eizellen jeweils tragenden Sockel, der aus dem Ei gleichwertigen Zellen besteht, weiß er die Vermehrung ebenso völlig zu unterdrücken wie in den anfangs ebenfalls infizierten jungen Hodenanlagen.

Abb. 61. Infektion der jungen Eiröhren bei der Termite Mastotermes darwiniensis. (a) und der Küchenschabe Blatta orientalis (b). 1 Bakterien, 2 junge Eizellen, 3 Follikel. Nach Koch

Eine frühe Infektion der noch sehr jungen weiblichen Gonade hat man auch bei solchen Blattwanzen gefunden, welche die symbiontischen Bakterien in Mycetomen unterbringen. Abb. 60 hält den Augenblick fest, in dem bereits während der Embryonalentwicklung bei einer solchen die Symbionten aus dem jungen Mycetom in die Anlagen der Eiröhren überzutreten beginnen.

Bei den Küchenschaben und den primitivsten Termiten finden sich die symbiontischen Bakterien bereits in den jungen Eiröhren, treten in den Raum zwischen Eizelle und Follikelhülle über und vermehren sich hier derart, daß sie schließlich die Oberfläche des Eies bedecken, sinken aber erst spät in das Ei selbst ein (Abb. 61a, b). Während hier der Follikel frei von Bakterien bleibt, wird er bei den wenigen Ameisen, bei denen sich eine Endosymbiose fand, allseitig überschwemmt und erscheinen bereits in den jüngsten Eistadien die ersten Symbionten, während die zu Nährzellen degradierten Schwesternzellen des Eies sich trotz dieser so engen Verwandtschaft einer solchen Invasion gegenüber als resistent bekunden (Abb. 62).

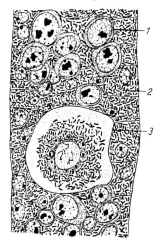

Abb. 62. Infektion der Follikelzellen und einer jungen Eizelle bei der Ameise Formica fusca. 1 steril bleibende Nährzellen, 2 Follikelzelle, 3 Eizelle. Nach LILIENSTERN

Derartige sich nicht auf eine engere Einfallspforte beschränkende Ei-Infektionen sind jedoch ziemlich selten. Es sei nur noch auf das Beispiel der Bostrychiden und Lyctiden hingewiesen, bei denen sich auf einem ganz bestimmten Stadium des Eiwachstums allseitig Lücken zwischen den einzelnen Follikelzellen bilden, durch welche die Symbionten hindurchtreten, um sich abermals zunächst an der Eioberfläche zu sammeln, bevor sie in sie einsinken. Sobald die Bakterien den Follikel passiert haben, schließen sich die vielen kleinen Türen wieder (Abb. 63a—c). Lyctus aber stellt die einzige Käfergattung dar, bei welcher man bisher auf zwei in einem Mycetom vereinte Symbiontensorten gestoßen ist. Abb. 63 d zeigt uns, wie sie dementsprechend vereint durch die Lücken des Follikels wandern.

Die Regel aber ist, daß an den Insekteneiern zeitlich und örtlich begrenzte Einfallspforten bestehen und der ganze restliche Follikel sich den Symbionten verschließt. Dabei kann der hintere oder der vordere Pol der Eizelle gewählt werden. Die Blattläuse, die Psylliden, die Aleurodiden, mit geringen Ausnahmen das ganze

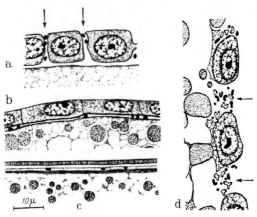

Abb. 63. a—c) Drei Stadien der Ei-Infektion durch vorübergehend im Follikel entstehende Lücken bei dem Käfer Rhizopertha dominica. Nach Buchner. d) Bei Lyctus linearis treten auf dem gleichen Weg zweierlei Symbionten in das Ei. Nach Koch

Heer der Zikaden, die wenigen Blattwanzen, welche Mycetome besitzen, die echten Läuse und die Mallophagen, sie alle schicken die Symbionten am hinteren Ende in die Eizellen, während man eine Infektion am vorderen Pol vor allem bei vielen Schildläusen findet. Ein Teil der Symbionten verläßt dann, je nach dem Objekt, das Mycetom entweder an einer beliebigen Stelle oder an einer eng begrenzten und treibt frei zwischen den Organen in der Leibeshöhlenflüssigkeit, bis er in einem ringförmigen Abschnitt des Follikels aufgenommen wird, der zumeist dicht hinter dem Ei liegt, manchmal aber auch noch unmittelbar an dieses grenzt. Bei den Zikaden kann dieser Ring nur eine Zelle hoch sein, oder es kann ein zwei, drei und mehr Zellen breiter Gürtel infiziert werden. Letzteres ist z. B. bei jener im Verein mit Hefen lebenden

Zikade der Abb. 64 der Fall, während bei Cicadella viridis nur eine sehr schmale Zone von Follikelzellen zur Verfügung gestellt wird (Abb. 67a).

Die Aufenthaltsdauer im Follikel pflegt eine sehr beschränkte zu sein. Schon während noch weitere Symbionten Aufnahme finden, beginnt meist der Übertritt in den sich gleichzeitig hinter dem Follikel bildenden Raum. Hat die Symbiontenmenge ein

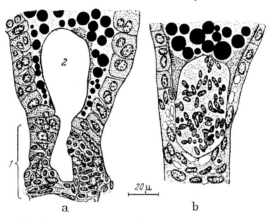

Abb. 64. Ei-Infektion bei einer Zikade (Megameline). a) Die Hefen infizieren eine breite Zone (1) des Follikels; die Empfangsgrube (2) ist noch leer. b) die Hefen sind in diese übergetreten. Nach H. J. Müller

gewisses, von Fall zu Fall verschiedenes Maß erreicht, so finden Nachzügler keinen Einlaß mehr, und wenn gelegentlich einige im Follikel zurückgeblieben sind, gehen sie zugrunde. Nun pflegt die Eizelle am Hinterende eine anfangs flache Grube zu bilden, in welche die Infektionsstadien einsinken und die sich dann mehr oder weniger weit hinter ihnen schließt. Es ist also eine vor allem bei den Zikaden mannigfach variierte Art von Schluckakt, durch den die Symbionten hier in das Ei einbezogen werden. Wenn bei Ledra vorausschauend eine Art Empfangsgrube schon in einer Zeit angelegt wird, in welcher noch keine Symbionten im Follikel erschienen sind, so handelt es sich allerdings um eine Seltenheit. Daß das Alter des zur Infektion bereiten Eies genau so streng festgelegt ist wie der Ort und die Symbiontenmenge, braucht wohl kaum gesagt zu werden.

Die Wintereier der Blattläuse gehören hingegen zu den wenigen Objekten, bei denen durch Auseinanderweichen der Follikelzellen enge, ringförmig um das Ei ziehende Straßen geschaffen werden, durch die eine allmählich zunehmende, schließlich eine stattliche Kugel bildende Symbiontenmasse passiert (Abb. 65). Eine

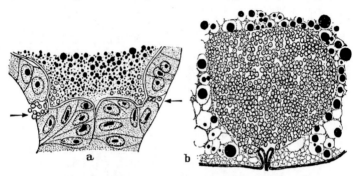

Abb. 65. Infektion des Wintereies einer Blattlaus (Drepanosiphum spec.) a) Beginn des Übertritts, b) Infektion beendet. Nach BUCHNER

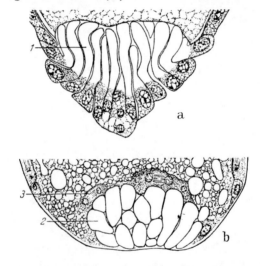

Abb. 66. Ei-Infektion bei der Schildlaus Orthezia insignis. a) Symbionten und Sekret (1) erfüllen den distalen Teil der Follikelzellen am Hinterende des Eies. b) Die Symbiontenballen (2) sind in das Ei übergetreten, Furchungszellen (3) umhüllen sie bereits. Nach WALCZUCH

einzigartige Variante liefern die hübschen, mit Wachsausscheidungen verzierten, auf Brennesseln lebenden Orthezien (Schildläuse). Die hinter dem Ei gelegenen Follikelzellen bilden sekretreiche, von Symbionten durchsetzte Schläuche, die alsbald von dem hinteren Rand des Eies wie mit einem Messer abgetrennt und einbezogen werden (Abb. 66a, b).

Liegt nun eine Symbiose mit 2, 3 oder mehr Symbionten vor, so treten gleichzeitig aus den verschiedenen Mycetomen oder Mycetomabschnitten Vertreter in die Leibeshöhle über und pochen sämtliche Gäste gleichzeitig oder nahezu gleichzeitig an ein und derselben Stelle im Follikel an. Vereint liegen sie dann wieder vorübergehend in dessen Zellen und gemeinsam treten sie in den Raum, der sich dahinter bildet, und endlich in das Ei über. Abb.67b zeigt die linsenförmige Symbiontenmasse einer Solenocephalus-Art, an der sich die Abkömmlinge des a-Organs und eine Hefe auf den ersten Blick unterscheiden lassen, bei Cicadella (Abb. 67a) erscheinen hingegen die a-Symbionten im Verein mit einem kleine Bündel bildenden Bakterium in den sich hier gegen die Leibeshöhle vorwölbenden Follikelzellen. Wieder eine andere Zikade, Cixius nervosus, die mit dreierlei Symbionten lebt, führt die Vertreter der a-, b- und x-Organe in einer gewissen Ordnung vor, die dadurch entsteht, daß die Sorten nicht völlig gleichzeitig am Follikel erscheinen (Abb. 41d).

Nach alledem wird man nicht mehr überrascht sein, schließlich auch bei einer Symbiose mit sechserlei Gästen diese alle in der Eizelle wiederzufinden (Abb. 67c). Enchophyllum 5-maculatum, jene Buckelzirpe, von der schon die Rede war, birgt am Hinterende eines jeden Eies seinen ganzen Symbiontenschatz: in einer größeren terminalen Ansammlung sind die a-, t-, ω- und H-Symbionten vereint, und unmittelbar vor ihr liegt eine Kugel, die zwei weitere, durch ihre Größe deutlich zu unterscheidende stäbchenförmige Bakterien umschließt. Diese ungewöhnliche Teilung in zwei Lager kommt dadurch zustande, daß die beiden letztgenannten, offenkundig auch als letzte in den symbiontischen Verband aufgenommenen Formen die Eizelle am oberen Pol infizierten. Hier liegen bei allen Zikaden, Schildläusen, Aphiden usw. die sog. Nährzellen, die ihren Namen davon haben, daß sie mittels faseriger Stränge Sekrete in die jungen Eizellen senden und so deren Wachstum fördern. Diese Einrichtung bietet begreiflicherweise zugleich eine willkommene Gelegenheit, um Symbionten in die Eier zu verfrachten. Bei Zikaden wird sie freilich nur selten benützt, aber bei Enchophyllum haben die beiden noch

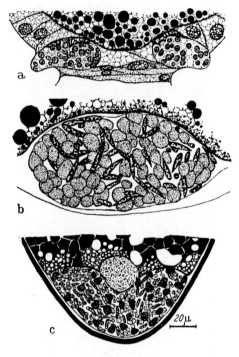

Abb. 67. Ei-Infektion bei drei Zikaden. a) Zweierlei Symbionten infizieren bei Cicadella viridis einen schmalen Follikelring. b) Zweierlei Symbionten am Hinterende des Eies von Solenocephalus griseus. Nach BUCHNER. c) Sechserlei Symbionten im Ei von Enchophyllum 5-maculatum. Nach RAU

wenig assimilierten Begleitbakterien diesen Weg gefunden, werden jedoch trotzdem schließlich am entgegengesetzten Pol aufgefangen und umfriedet.

Die Schildläuse hingegen wissen diese Straße, sei es, daß es sich um Bakterien oder Hefen handelt, vielfältig zu nützen, belassen aber dann die Symbionten am oberen Pol. Hier übernehmen die

die Verbindung zwischen Nährzellen und Eizelle herstellenden Follikelzellen die Rolle der sonst am anderen Ende gelegenen Zellen und treten die Symbionten alsbald aus ihnen in den vom Faserstrang durchzogenen Raum, von wo sie alle auf einmal in das Ei sinken (Abb. 68 a, b). Handelt es sich um disymbiontische Formen, so benützen auch hier beide Sorten den gleichen Weg.

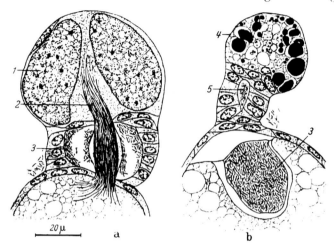

Abb. 68. a) u. b) Zwei Stadien der Übertragung der Symbionten am oberen Eipol der Schildlaus Rastrococcus spinosus. 1 Nährzelle, 2 Faserstrang, 3 Bakterien, 4 die Nährzellen in Degeneration, 5 zurückgebliebene Bakterien. Nach Buchner

Schließlich müssen wir noch eine überraschende Variante registrieren. Wir kennen zwei Fälle, in denen nicht aus dem Mycetom entlassene Symbionten der Übertragung dienen, sondern intakte Mycetocyten. Bei allen Aleurodiden schlüpft eine bestimmte Zahl von solchen hinter dem noch jungen Ei durch den Follikel und bildet im legereifen Ei, an dem man schon den Stiel erkennt, mit dem das Ei dann an die Blätter geklebt wird, eine kugelige Ansammlung (Abb. 69 a, b). Je nach der Art sind es etwa 4—8 solcher Zellen, aber bei zwei Gattungen hat man gefunden, daß sie sich stets mit einer einzigen Mycetocyte begnügen. Wir wollen sogleich verraten, daß diese zunächst den Tod der Mutter überlebenden Zellen während der Embryonalentwicklung schließlich doch auch zugrunde gehen und daß ihr Inhalt dann von jungen Zellen übernommen wird. Desto größer war die Überraschung, als man bei dem zweiten Fall von Übertragung durch sich sogar manchmal während des Übertritts noch teilende Mycetocyten feststellen mußte, daß sie in dem neuen Individuum nicht zugrunde gehen! Es handelt sich hier um zwei naheverwandte Schildläuse, Macrocerococcus und Puto, Vertreter der Pseudococcinen, bei

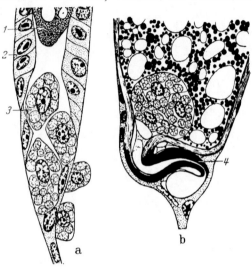

Abb. 69. Ei-Infektion durch Übertritt ganzer Mycetocyten bei Aleurodes aceris. a) die Mycetocyten (3) drängen sich hinter dem Ei (1) durch die Follikelzellen (2). b) Abschluß der Infektion, Bildung des Eistieles (4).
Nach Buchner

denen sonst nirgends etwas Vergleichbares begegnet. Die Endosymbioseforschung hat uns schon mit so manchem bekannt gemacht, was dem Gebiet Fernstehenden zunächst kaum glaublich erscheinen muß, aber hier passiert nun im Laufe der Embryonalentwicklung etwas, was an den skeptisch Eingestellten besondere Anforderungen stellt. Jede mütterliche Mycetocyte vereinigt sich nämlich mit einem der den embryonalen Dotter durchsetzenden Kerne, der auf sie zugekrochen kommt, und beiderlei Kerne verschmelzen zu einem (Abb. 70). Wie sich sonst Ei- und Samenzelle bei der Befruchtung vereint, so hier je eine Körperzelle der

Mutter mit einer solchen ihrer Nachkommen. Man kann also geradezu von einer „somatischen Befruchtung" und von einer potentiellen Unsterblichkeit der Mycetocyten dieser Schildläuse sprechen.

c) Die Heranzucht spezifischer Übertragungsformen

Wenn wir uns nun der Heranzucht spezifischer Übertragungsformen zuwenden, wird sich abermals bestätigen, daß unser Gebiet auf Schritt und Tritt überreich an Erstaunlichem ist. Bei den an den Darm geknüpften Symbiosen erlebt man auch dort, wo die Gäste intrazellular leben, kaum stärkere Abweichungen von der ursprünglichen Gestalt, und sie werden zumeist unverändert übertragen. Nur wo sie zu längeren Fäden auswachsen, werden sie im reifen Weibchen vorher wieder in kürzere Formen übergeführt (Abb. 71). In den Mycetocyten hingegen nehmen die

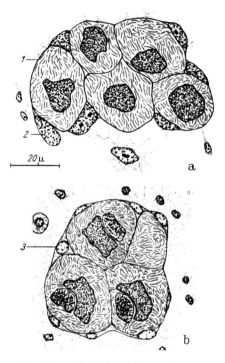

Abb. 70. Ei-Infektion durch Übertritt ganzer Mycetocyten bei der Schildlaus *Macrocerococcus superbus*. a) Dotterkerne (2) legen sich an die mütterlichen Mycetocyten (1). b) Je ein Dotterkern und ein mütterlicher Kern vor der Verschmelzung. 3 Hüllzellkerne. Nach Buchner

symbiontischen Bakterien häufig von der typischen Gestalt mehr oder weniger stark abweichende Formen an. Sie werden zu lang auswachsenden Schläuchen, zu Rosetten, zu amöbenähnlichen Riesen, Gebilden, in welchen die Symbioseforschung alsbald nur hochgradig modifizierte Bakterien erkannte. Nachdem sich seitdem auch das Wissen der Fachbakteriologen von der außerordentlichen Wandelbarkeit der Bakteriengestalt wesentlich vertieft hat, dürften sie sich kaum noch gegen eine solche Auffassung sträuben können. Solche Gestalten sind aber offenbar nicht nur, weil sie während des Transportes Sperrgut darstellen würden, für die Übertragung ungeeignet, sondern auch, weil ihr physiologischer

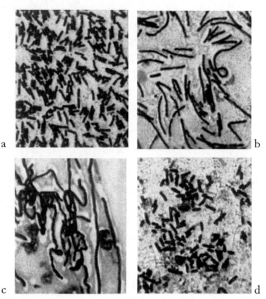

Abb. 71. Vielgestalt der Symbionten der Fruchtfliege Tephritis heiseri. a) Bakterien aus einer Larve, b) einer jungen Imago, c) einer etwas älteren Imago, d) Übertragungsformen aus einer legereifen Imago. Nach STAMMER

Zustand derart ist, daß sie als Ausgangspunkt für neue, im Körper der Nachkommen anzulegende Kulturen nicht in Frage kommen. Dem ist es zu danken, daß wir nun das Wirtstier von einer völlig neuen Seite kennenlernen. Vermag es doch nicht nur das Tempo der Vermehrung seiner Symbionten allezeit nach Bedarf zu regulieren und, wo es wünschenswert ist, sich dieser auch zu entledigen, sondern ihnen auch, sobald es im Interesse des Fortbestandes nötig ist, neue Gestalt zu geben.

Solche Übertragungsformen entstehen entweder diffus da und dort im Mycetom, oder die Verwandlung wird nur in ganz bestimmten Zonen, gleichsam in besonderen Laboratorien, durchgeführt. Die erstere Möglichkeit illustriert z. B. Abb. 72, die eine Stelle im Mycetom einer Schildlaus wiedergibt, an der in einer Mycetocyte die schlauchförmigen Symbionten, welche, vielfach verschlungen, auf dem Schnittbild ihre Länge nicht verraten, sämtlich zu runden, jetzt stark färbbaren Gebilden geworden sind. Da und dort finden sie sich auch bereits in der bis dahin sterilen Umhüllung und einige liegen, von einem Plasmarest umgeben, schon in der Leibeshöhle. In ähnlicher Weise verwandeln sich die sog. *t*-Symbionten vieler Zikaden in der einen oder anderen Mycetocyte sämtlich aus rosettenförmigen Zuständen in rundliche oder ovale, nur mit dem

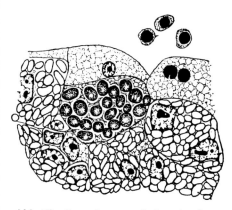

Abb. 72. Entstehung und Austritt der Übertragungsformen bei der Schildlaus Icerya aegyptica. Nach WALCZUCH

Unterschied, daß bei ihnen dann die ganzen Mycetocyten aus dem Organ auswandern, in der Nähe zerfallen und den Inhalt der Leibeshöhle übergeben (Abb. 42 c, d, e; Abb. 42 c zeigt rechts unten eine solche ausgewanderte Zelle).

Anders verhalten sich die *a*-Symbionten. Sie sind das klassische Beispiel für eine eng lokalisierte Entstehung von Übertragungsformen. Vergleicht man die sie bergenden Mycetome etwa bei reifen Männchen und Weibchen unserer kleinen Schaumzikaden, so stößt man auf einen überraschenden Unterschied. Bei den letzteren tragen die paarigen Behausungen jeweils einen nach innen gerichteten ansehnlichen Fortsatz, der den Männchen fehlt (Abb. 73 a—c). Geht man seiner Entstehung nach, so stellt man fest, daß dieser Abschnitt auf eine zunächst sterile Wucherung des Mycetomepithels zurückgeht, die dort ausgelöst wird, wo das larvale Mycetom mit dem noch unentwickelten Eileiter leicht verwachsen war (Abb. 74a). Nach einiger Zeit treten dann in der basalen Zone der Wucherung Symbionten aus den großen Syncytien in diese Zellen über, die Infektion ergreift allmählich den ganzen Hügel, aber gleichzeitig werden die Bakterien in kleinere,

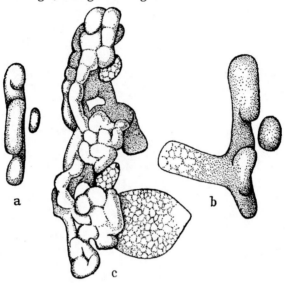

a   b

c

Abb. 73. Die *a*-Symbionten der Zikaden werden in besonderen Abschnitten in Übertragungsformen verwandelt. a) Männliches *a*-Mycetom von Neophilaenus lineatus ohne „Infektionshügel", b) weibliches mit einem solchen. c) Infektionshügel am Mycetom eines Aphrophora salicis-Weibchens. Nach BUCHNER

Nester bildende Formen verwandelt, welche schließlich auf dem Gipfel des Hügels diesen verlassen, um sich auf den Weg nach den Eizellen zu machen (Abb. 74b). Ist es nicht, wie wenn in einem Laboratorium von kundiger Hand ein Teil einer Kultur auf einen speziellen Nährboden verpflanzt würde, von dem man weiß, daß er die Gestalt der Keime verändert? Je nach dem Ort und der Zahl der Verwachsungsstellen, können diese Zonen der Umwandlung auch am Ende der Mycetome oder bei längeren Mycetomen an mehreren Berührungsstellen entstehen und so die engen kausalen Beziehungen zu diesen Kontakten offenbaren

(Abb. 40b, d, 41c). Nicht selten stellen sie auch keine Hügel dar, sondern sind tief in die Mycetome eingesenkt. Bei einem Objekt, das einen zweiten Gast in einer peripheren Zone des Mycetoms unterbrachte, werden eng benachbart zwei sterile Zellgruppen gebildet und in jeder einer der beiden Sorten umgeformt!

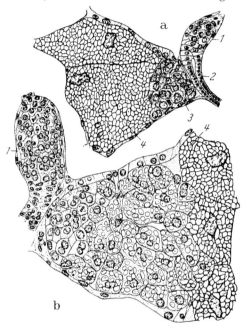

Abb. 74. Entstehung des Infektionshügels und der Übertragungsformen bei Aphrophora salicis. a) Das junge Ovar und der Eileiter einerseits (1, 2) und das Mycetom andererseits (4) sind durch ein steriles Zellnest (3) verbunden. b) Infektion und Formwandel der Symbionten schreiten in diesem Zellnest von der Basis gipfelwärts fort. Nach Buchner

Daß unter Umständen auch von bestimmten Zonen des Follikels der ausgewachsenen Eizellen die Entstehung spezifischer Übertragungsformen auslösende Reize ausgehen können, zeigen uns die Stictococcus-Arten, Schildläuse, von denen schon die Rede war (Abb. 26) und die uns auch im folgenden wieder beschäftigen werden. Die im Körper verstreuten Mycetocyten enthalten schlanke, sich windende Bakterien. Lediglich in solchen, welche in der hinteren Hälfte der Eier mit deren Follikel in Kontakt kommen, werden aus ihnen die ansehnlichen kugeligen Gebilde, welche dann durch nur hier entstehende Lücken in das Ei übertreten (Abb. 94).

Noch komplizierter liegen die Dinge dort, wo die Symbionten zum Zwecke der Übertragung zunächst in ein zweites, an entfernter Stelle hierfür gebildetes Organ verpflanzt werden. Das

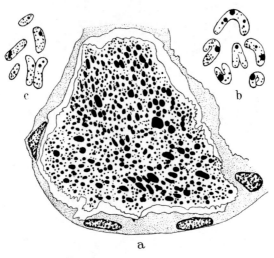

Abb. 75. a) Ein riesiger Symbiont aus dem *x*-Organ der Zikade Myndus musivus. b) Infektionsform aus dem Rektalorgan, c) aus dem Ei. Nach BUCHNER

eindrucksvollste Beispiel liefern uns die *x*-Organe der Fulgoroiden, in denen die Bakterien zu jenen hochgradig aberranten riesigen Gebilden ohne weiteres Teilungsvermögen heranwachsen, von denen man sich schwer vorstellen könnte, wie sie in die Eizelle übertreten sollen (Abb. 75a). In den jüngsten Larven besteht bei den Weibchen zwischen den beiden Hälften des *x*-Organs eine schmale sie verbindende Brücke, welcher der noch in Ausbildung begriffene Mitteldarm dicht anliegt. Das ungewöhnliche Wachstum der Symbionten hat um diese Zeit eben erst begonnen und an dieser Stelle des Kontaktes liegen am Rande des Mycetoms einige wenige infizierte Zellen, in denen das Wachstum sogar völlig unterbunden wurde. Sie sind es, die jetzt in diese Brücke und von ihr aus in den Darm gleiten (Abb. 76). Hier ordnen sie sich zu einer unregelmäßig begrenzten Zellmasse, die wir als „transitorisches Darmorgan" bezeichnen können. Im Laufe der weiteren larvalen Entwicklung zerfallen diese Mycetocyten, die freigewordenen Symbionten gleiten im Darm afterwärts, bis sie an die Stelle gelangen, wo dieser in den Enddarm übergeht. Hier aber bietet der Wirt energisch Halt! Er will die durch ein so umständliches Manöver den zum Riesenwachstum führenden Einflüssen entzogenen Organismen ja

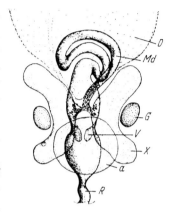

Abb. 76. Entwicklung des Rektalorganes bei dem europäischen Laternenträger (Fulgora europaea) I. Symbionten treten aus dem x-Organ in den Darm über. *D* Dottersack, *Md* Mitteldarm, *G* Gonade, *V* Valvula intestinalis, *X* x-Organ, *a* a-Organ, *R* Rektum. Nach H. J. Müller

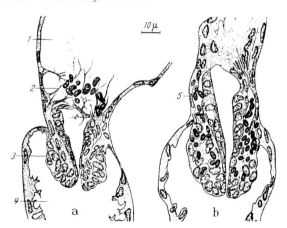

Abb. 77. Entwicklung des Rektalorganes bei dem europäischen Laternenträger II. a) Eine Reuse fängt die Symbionten auf und leitet sie in die Falte des Darmes. b) Die Valvula füllt sich mit ihnen. 1 Mitteldarm 2 Reuse, 3 Valvola, 4 Enddarm, 5 Symbionten. Nach H. J. Müller

nicht ins Freie entlassen, sondern für die Eiinfektion verwenden. Nur eine Art Reuse kann dies verhindern, durch die sie aus dem Darmlumen in jene an dieser Stelle stets vorhandene ringförmige

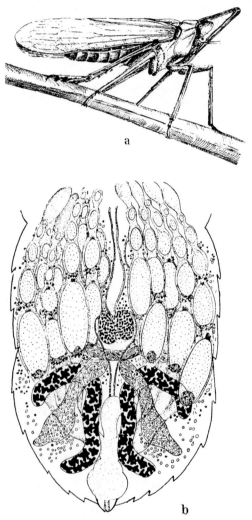

Abb. 78. a) Der europäische Laternenträger. b) Hinterleib eines reifen Weibchens, schematisch. Erklärung im Text. Nach H. J. MÜLLER

Falte, die sog. Valvula intestinalis, geleitet werden. Und in der Tat: an der entscheidenden Stelle bilden jetzt die Epithelzellen lange, sich verästelnde faserige Fortsätze, welche wie Hände mit gespreizten Fingern in das Lumen greifen und die Symbionten an den gewünschten Ort gleiten lassen. Hier werden sie erneut von Zellen aufgenommen, welche das sog. Rektalorgan entstehen lassen, in dem auch weiterhin das Wachstum unterbleibt und aus dem sie dann später zur Ei-Infektion aufbrechen (Abb. 77a, b;

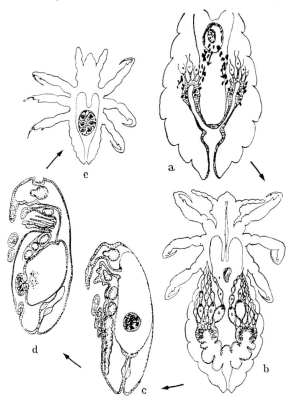

Abb. 79. Entwicklungszyklus der Kopflaus. a) Die Symbionten treten aus dem Mycetom in die Ovarialampullen über. b) Reifes Weibchen, Ei-Infektion beginnt. c) Embryo mit transitorischem Mycetom im Darm. d) Abschnürung des endgültigen Mycetoms. e) jüngstes Larvenstadium mit Mycetom. Nach RIES

s. auch Abb. 41a, 40a—d). Ein Blick auf den nur leicht schematisierten Hinterleib eines reifen Fulgora-Weibchens, welcher die dreierlei Symbiontenwohnstätten, das Rektalorgan, die zahlreichen Eiröhren, die dreierlei im Blut kreisenden Übertragungsformen und ihren allmählichen Übertritt in die heranwachsenden Eizellen erkennen läßt, soll uns noch einmal zum Bewußtsein bringen, zu welcher Komplikation hier die Einbürgerung jener drei Symbiontenarten geführt hat und wie reibungslos trotzdem das ganze Geschehen abläuft (Abb. 78).

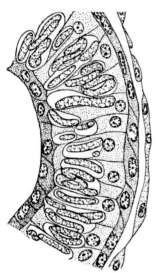

Abb. 80. Wandung der Ovarialampulle einer Kopflaus. Nach BUCHNER

Wenn die monosymbiontischen Kleiderläuse und ihre Verwandten ebenfalls eine der Ei-Infektion dienende Filiale errichten, liegen die Dinge wesentlich einfacher. Vor der dritten Häutung gehen in beiden Geschlechtern auffallende Veränderungen an den Mycetomen vor sich. Beim Weibchen vermehren sich die Symbionten, werden gedrungener und beginnen das Mycetom zu verlassen. In zwei Strömen gleiten sie nach rückwärts und infizieren dort, wo die Eiröhren am Eileiter entspringen, ampullenartige vorausschauend angelegte Erweiterungen (Abb. 79a, b). Auf solche Weise verödet die alte Wohnstätte völlig und füllen sich diese Ovarialampullen mit zahlreichen Symbionten (Abb. 80). Sobald eine Eizelle das vorgeschriebene Alter erreicht hat, wird sie von hier aus am hinteren Pol infiziert. Im männlichen Mycetom hingegen setzt gleichzeitig eine allgemeine Degeneration ein, die zur völligen Auflösung der Symbionten führen kann, ein auf den ersten Blick überraschender, jedoch keineswegs alleinstehender Vorgang, der sich sehr wohl in unser heutiges Wissen vom Sinn der Endosymbiosen einfügt.

Bei einem anderen Typ von der Ei-Infektion dienenden Filialen, der bei manchen Zikaden und einigen Blattwanzen mit Mycetomen vorkommt, werden die sekundären Wohnstätten unmittelbar in die Ovariolen eingebaut. Auf der schematischen Zeichnung des Bladina-Hinterleibes (Abb. 40d) sind sie in jeder von ihnen als dicht hinter den Nährzellen gelegene Punkte angedeutet.

d) Infektion von Embryonen im mütterlichen Körper

Unsere gedrängte Darstellung der Wege der Übertragung bliebe allzu unvollständig, wenn wir nicht wenigstens noch darauf hinweisen würden, daß auch bei einer Lokalisation der Symbionten in Mycetomen oder sonst in der Leibeshöhle unter Umständen nicht die Eizellen, sondern erst mehr oder weniger weit fortgeschrittene Entwicklungsstadien infiziert werden. Schon bei manchen Schildläusen stellt man fest, daß die Symbionten zunächst zwischen Eihülle und Ei liegenbleiben und erst während der Furchung oder noch später, einmal sogar erst nach fortgeschrittener

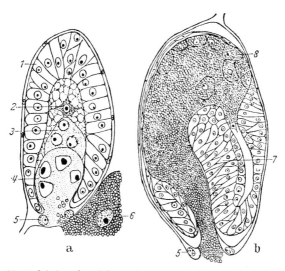

Abb. 81. Infektion der sich parthenogenetisch entwickelnden Embryonen der Blattlaus Aphis sambuci: a) Beginn des Übertritts der Symbionten in die embryonale Mycetomanlage. b) Fortgeschrittenes Stadium der Embryoinfektion. 1 Blastoderm, 2 Fettzelle, 3 Anlage des Mycetomepithels, 4 Anlage des Mycetoms, 5 verdickter Follikelring um die Einfallspforte. 6 benachbarte Mycetocyte, 7 der sich einstülpende Keimstreif, 8 die ersten abgegrenzten Mycetocyten. Nach SELL

Anlage des Embryos übertreten, aber länger bekannt und viel studiert ist vor allem die Embryo-Infektion bei den sich parthenogenetisch fortpflanzenden Sommergenerationen der Blattläuse.

Bei ihnen vollzieht sich die Furchung stets ohne Anwesenheit der Symbionten und setzt bei vielen Formen auch die Einstülpung des Keimstreifs schon vor dem Übertritt der so typischen kleinen, runden Organismen ein. Dabei wird nicht nur das für die künftige Wohnung nötige Zellmaterial bereits vorher angelegt, sondern auch am Follikel machen sich Vorbereitungen für den zu erwartenden Übertritt der Symbionten geltend. Schon während der Furchung schwillt nämlich am Hinterende ein Kranz von Follikelzellen samt ihren Kernen beträchtlich an und, wenn der Zeitpunkt der Invasion heranrückt, streckt das für die Symbionten bestimmte Syncytium einen Plasmazapfen durch diesen in die Leibeshöhle. In ihn treten sie dann erst in geringer Zahl, bald aber einen mächtigen Strom bildend über (Abb. 81 a, b). Die nach dem Leben gezeichnete Abb. 82 bezieht sich auf eine tropische Blattlaus (Hormaphidine), bei der die angestammten Symbionten durch eine Hefe verdrängt wurden. Aber auch diese benützen die Wege, welche ursprünglich für völlig anders geartete Gäste geschaffen wurden! Der Follikel des jüngeren Embryos zeigt hier bereits sehr deutlich die erwähnte Schwellung, der ältere den Plasmastiel, der den Hefen als Straße dient.

Abb. 82. Ovariole der Blattlaus Cerataphis freycinetiae mit zwei Embryonen; der obere, noch nicht infizierte, hat bereits die Einfallspforte angelegt (1), bei dem unteren ist die Infektion mit Hefen in vollem Gange. 2 der aus dem Follikel tretende Empfangszapfen.
Nach BUCHNER

Auch bei den Feuerwalzen geht schließlich die Übertragung der Leuchtbakterien erst nach Beginn der Eientwicklung vor sich. Daß sich bei diesem so völlig anders organisierten Manteltier keine Vergleichspunkte mit dem bisher Geschilderten finden, wird niemand wunder nehmen (Abb. 83 a—d). Schon die Tatsache, daß hier die Bakterien der Übertragung dienende Sporen bilden, steht einzig da (b). Diese Sporen infizieren gegen Ende des

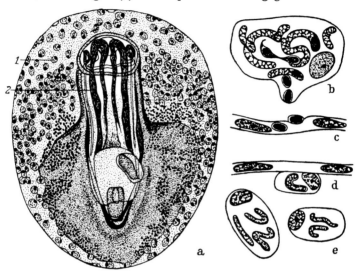

Abb. 83. Infektion und Entwicklung der Feuerwalze (Pyrosoma giganteum). a) Oozoid mit Stolo (2) und zahllosen Leuchtzellen (1). Nach JULIN. b) Mycetocyte mit Sporen bildenden Bakterien. c) Die die Zelle verlassenden Sporen infizieren den Follikel der Eier. d) Eine infizierte Follikelzelle sinkt nach innen. e) Weitere Entwicklung der in den Embryo dringenden Mycetocyten. Nach PIERANTONI

Eiwachstums da und dort Follikelzellen (c), welche dadurch veranlaßt werden, aus dem epithelialen Verband zu treten. Gleichzeitig wächst die Spore wieder zur Schlauchform aus und beginnt sich diese zu vermehren (d, e). Inzwischen hat die eine Keimscheibe erzeugende Furchung eingesetzt und diese jungen Mycetocyten dringen in Anzahl zwischen die Furchungszellen ein und nehmen immer mehr den Charakter der Leuchtzellen der paarigen Mycetome an, die wir bereits kennenlernten (Abb. 50). Am Ende der Furchung durchsetzen etwa 50 solche Zellen die Keimscheibe. Damit kommt aber der Zuzug der Symbionten keineswegs zum Stillstand.

Wir können hier nicht die sehr komplizierte Entwicklung einer Pyrosomenkolonie schildern. Die Abb. 83a gibt bereits ein Stadium wieder, auf dem etwa 400 Leuchtzellen vorhanden sind, die nicht durch Teilung, sondern durch laufenden Nachschub von Sporen aus dem mütterlichen Körper entstanden sind.

Reizt man ein solches Stadium im Dunkeln, so entspricht jeder dieser Zellen ein leuchtender Punkt. Der eigenartige Zapfen, der auf dem Bild erscheint, stellt die Anlage für eine Kette von vier Individuen (Primärascidiozoide) dar, die dem rudimentär bleibenden ersten, allein geschlechtlich entstandenen Individuum (Oozoid) entsproßt. Sie stellen also, genau genommen, bereits Enkeltiere dar. Erst in ihnen gruppieren sich die 400 Mycetocyten, welche all das überdauern, zu vier Paaren von Leuchtorganen, so daß wir hier abermals vor einem einzigartigen embryologischen Kuriosum stehen. Stellen doch diese acht Leuchtorgane genaugenommen ein durch die Symbiose ausgelöstes Implantat großmütterlicher Körperzellen dar, das uns an die potentielle Unsterblichkeit der Macrocerococcus-und Puto-Mycetocyten erinnert! In der Folge aber wird freilich bei den Pyrosomen diese Kontinuität unterbrochen, denn wenn nun abermals durch Knospung an den vier Primärascidiozoiden die weiteren Ascidiozoide entstehen, werden deren Leuchtorgane von Bakterien infiziert, welche aus den acht großmütterlichen Organen ausgetreten sind.

3. Embryonalentwicklung und Symbiose

Nachdem wir gesehen haben, wie die Probleme der Lokalisation und der Übertragung der Symbionten von ihren Wirten glänzend gemeistert werden, wird es nicht wunder nehmen, daß diesen auch die Aufgabe, sie an die Stätten ihrer künftigen Bleibe zu bringen, ohne daß dabei die so empfindlichen Prozesse der Furchung, der Keimblätterbildung und der weiteren Entwicklung des Embryos darunter leiden, keine Schwierigkeit bereitet.

Das erste, was man immer wieder feststellt, ist ein deutliches Bestreben, die Fremdlinge abzuriegeln und damit gleichzeitig auch manövrierfähig zu machen. Sehr oft kommen diese bereits zwangsläufig dank ihrer so häufigen oberflächlichen Lage bei der Furchung des Eies mit den aufsteigenden Kernen in Berührung und werden so, bald am vorderen, bald am hinteren Pol, wenn sich um diese Kerne das Plasma abgrenzt, mit eingeschlossen. In anderen Fällen erlebt man, daß Furchungskerne sich auf Symbiontenhaufen, die mehr in das Innere gesunken sind, zu bewegen und zwischen sie treten, wobei dann entweder auch alsbald einkernige Mycetocyten oder auch ein Syncytium entstehen kann. Unter Umständen kommt es aber auch zunächst lediglich zu einer oberflächlichen Umhüllung mittels Furchungskernen (Abb. 66b).

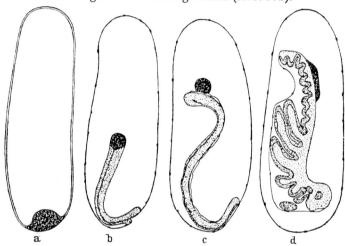

Abb. 84. Vier Entwicklungsstadien einer Bettwanze und ihres Mycetoms; die Anlage desselben wird vom Keimstreif nach vorne geschoben. Nach Buchner

Liegen die Symbionten, wie es so oft vorkommt, wohl umschrieben am hinteren Eipol, so treten sie nach der Kernversorgung stets in enge Beziehung zur Entwicklung des Keimstreifs, jener bedeutungsvollen Anlage des künftigen Larvenkörpers, welche dann gerade hier in Form einer sich immer weiter nach vorne ausdehnenden Einstülpung entsteht. Die Symbiontenmasse wird dadurch von der Oberfläche abgedrängt und von dem Scheitel der Falte immer tiefer in das Eiinnere geschoben (Abb. 84a, b). Krümmt sich dann nach einer Weile der Keimstreif S-förmig, so pflegt der Symbiontenballen zunächst auf die künftige Rückenseite des Embryos zu gleiten, plattet sich hier meist ab und wird, wenn paarige Mycetome das Ziel sind, jetzt zweigeteilt. Inzwischen ist aber bereits die Sonderung in Kopf, Brust und Hinterleib eingetreten und hängen die Anlagen der Beine und Mundteile frei in die durch die Invagination entstandene Amnionhöhle (Abb. 84 c und 84 d).

Unsere Abbildung bezieht sich auf die Anlage der Mycetome der Bettwanze, aber wir hätten ebensogut die Embryonen einer Blattlaus, einer Zikade, einer Blattwanze, eines Oryzaephilus und so fort wählen können. Stets würde sich dann ergeben, daß der hier geschilderte Vorgang Hand in Hand mit der Unterbringung in Mycetome geht. Andererseits gilt die Regel, daß Infektion und Verbleib der Symbionten am vorderen Pol sich dort findet, wo diese in der Folge in der Lymphe und im Fettgewebe oder in da und dort verstreuten Mycetocyten leben.

Wie sehr es dem Wirte darauf ankommt, die ja kaum je eine Eigenbewegung besitzenden Symbionten während der frühen Embryonalentwicklung beisammenzuhalten, geht aus der Tatsache hervor, daß auch bei solcher diffuser Lokalisation zunächst kleine „transitorische" Mycetome geschaffen werden, die später dem Untergang verfallen. Die Zweckmäßigkeit einer solchen Maßnahme leuchtet ja ohne weiteres ein, doch kommt es merkwürdigerweise, freilich nur selten, auch dort, wo das Endziel die Bildung von Mycetomen ist, zunächst zur Entstehung von solchen provisorischen Mycetomen. Abb. 85 zeigt z. B. sehr schön, wie eben in einem Oryzaephilusembryo die ersten Symbionten aus dem bereits degenerierenden Mycetom in eine der vier noch leeren, definitiven Mycetomanlagen übertreten.

Überraschend ist auch, wenigstens auf den ersten Blick, das Verhalten der Embryonen der Kleiderlaus und einiger Verwandter. Obwohl schließlich ein ventral vom Darm liegendes Mycetom vorhanden ist, gerät die hier ebenfalls vom Keimstreif nach vorne geschobene, mit Kernen versorgte Anlage zunächst in den mit Dotter gefüllten Mitteldarm und wird dann erst auf eine merkwürdig gewaltsame Weise mittels einer Abschnürung der Darmwand an die endgültige Stelle gebracht (Abb. 79 c, d). Auch hier gehen die bis dahin die Symbionten begleitenden Kerne, im Darm verbleibend, zugrunde. Vergleicht man jedoch das Verhalten anderer Anopluren, was wir uns hier, so interessant es wäre, versagen müssen, dann wird es sehr wahrscheinlich, daß der hier gewählte Umweg als eine Erinnerung an Vorfahren zu deuten ist, welche die Symbionten in Zellen des Darmepithels unterbrachten, ein Zustand, der sich z. B. bei der Schweinelaus bis heute erhalten hat. Auch bei ihr liegen die Symbionten zunächst im Darm, treten aber schließlich von hier aus in dessen Wandung über!

Bei den Küchenschaben geraten die Symbionten ebenfalls zuerst in den embryonalen Darm und bilden hier bald nur lockere Ansammlungen, bald wohl umschriebene, kernhaltige transitorische Mycetome, immer aber treten sie schließlich frei von Kernen durch die Darmwand und besiedeln in der Leibeshöhle spezifische Zellen des mittleren Keimblattes. Auch hier ist es nicht ausgeschlossen, daß sich in diesem Verhalten die ursprüngliche Lokalisation der Blattidensymbionten offenbart.

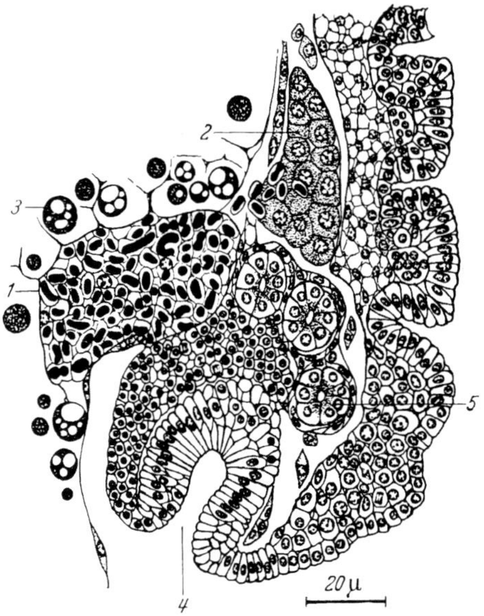

Abb. 85. Die Symbionten des Käfers Oryzaephilus surinamensis treten aus dem transitorischen Mycetom (1) in das definitive (2) über. 3 Dotterkugeln, 4 Anlage des Enddarmes, 5 der Nierengefäße. Nach KOCH

Wie viele interessante Varianten der verschiedensten Art ließen sich hier noch anreihen! Die jeweilige Konstitution der Wirtstiere hat immer wieder andere, oft erstaunliche Maßnahmen ausgelöst. Ein Unikum, das an jene Mycetocytenkerne erinnert, welche aus der Vereinigung je eines mütterlichen Kernes mit einem embryonalen hervorgingen, begegnet bei einigen anderen Vertretern der Schildläuse. Die Insekten pflegen die durch die beiden der Halbierung der Chromosomenzahl dienenden Reifeteilungen entstehenden Kerne nicht als „Richtungskörper" abzuschnüren, sondern belassen sie zumeist in der Peripherie des Eies, wo sie dann normalerweise zugrunde gehen. Aber bei gewissen Schildläusen (Diaspinen) finden sie ausnahmsweise eine merkwürdige Verwendung. Im Laufe der Furchung verschmelzen hier die beiden sonst sterbenden, durch die Reifeteilungen entstandenen Kerne, von denen einer 8, der andere 16 Chromosomen enthält, mit einem der auch 16 Chromosomen führenden Furchungskerne zu einem

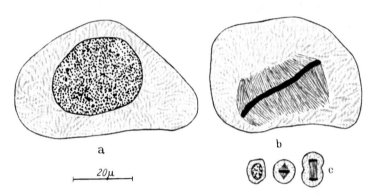

Abb. 86. a) Polyploide Mycetocyte der Schildlaus Macrocerococcus superbus in Ruhe, b) in Teilung. c) Ruhende und sich teilende Zellen des Eileiters mit normaler Chromosomenzahl bei gleicher Vergrößerung. Nach BUCHNER

Sammelkern mit 40 Chromosomen. Seine zahlreichen, entsprechend größeren, diese Zahl dauernd beibehaltenden Abkömmlinge dienen *ausschließlich* der Bildung der zahlreichen, hier im ganzen Körper verteilten Mycetocyten. Wie seltsam ein solches Verhalten ist, wird erst offenbar, wenn man sich vergegenwärtigt, daß diese Richtungskörperkerne ja eigentlich nicht dem zur Entwicklung kommenden Ei, sondern in ihrer Entfaltung gehemmten Schwesterzellen desselben angehören. Ähnliches kommt auch bei anderen Schildläusen (Pseudococcus) vor, aber hier verschmilzt eine wechselnde Zahl von Furchungskernen mit den Richtungskernen und bewegen sich so Kerne mit 25, 30 und 35 Chromosomen auf die ihrer harrenden Symbionten zu.

Diese ungewöhnliche Art der Auslösung gesteigerten Kern- und Zellwachstums der Mycetocyten bleibt jedoch auf wenige Fälle beschränkt. Im übrigen ist das so häufige viel beträchtlichere Riesenwachstum derselben, das zu Kernen mit Hunderten von Chromosomen führen kann, teils auf Wiederverschmelzung eben geteilter Kerne, teils auf Endomitosen, d. h. auf Verdoppelungen der Chromosomen hinter geschlossener Kernmembran zurückzuführen. Abb. 86 bringt eine solche „polyploide" Mycetocyte der Schildlaus Macrocerococcus in Ruhe und in Teilung und zum Vergleich bei der gleichen Vergrößerung Zellen des Eileiters desselben Tieres.

In seltenen Fällen vermißt man zunächst jegliches sonst so früh bekundetes Interesse der Wirtstiere an ihren Gästen. Das belegen zum Beispiel die Bostrychiden, von denen wir hörten, daß sie paarige Mycetome besitzen und daß ihre Symbionten an der ganzen Oberfläche in das Ei übertreten (Abb. 32, 63). Der Umstand, daß sie nun zu Beginn der Entwicklung überall dicht unter dieser liegen, bringt es offenbar mit sich, daß ihre Konzentration hier auf große technische Schwierigkeiten stößt. Sie sinken wohl allerwärts mehr in die Tiefe, aber der Keimstreif, welcher hier nicht durch Invagination, sondern durch Überwachsung in das Innere sinkt, ist schon weit entwickelt, ohne daß die im Dotter verstreuten Kerne irgendwelche Affinität zu den nach wie vor regellos verteilten Symbionten bekundeten (Abb. 87a, b). Erst in letzter Stunde erfolgt eine vermutlich durch Plasmaströmungen bedingte Zusammenscharung am hinteren Ende des sich allmählich schließenden Mitteldarmes. Hier drängen sich die Symbionten dann durch das im Entstehen begriffene Darmepithel in die Leibeshöhle, wo bereits zwei Ansammlungen von Zellen auf sie warten, welche den Mycetomen den Ursprung geben (Abb. 87c, d).

Andere Objekte verfügen unter Umständen über raffinierter anmutende, Symbionten konzentrierende Mittel. Wir denken an gewisse Rüsselkäfer (Hylobius u. a.), bei denen in dem eben abgelegten Ei die Symbionten in Form kurzer Stäbchen über den ganzen Dotter verteilt sind. Nachdem sich der Keimstreif gebildet und seine Segmentierung begonnen hat, entsteht in einigem Abstand von der Oberfläche ein am freien Ende der Anlage des Anfangsdarmes aufgehängtes Plasmanetz, welches allerorts mit den Symbionten in Beziehung tritt und diese schließlich, sich immer mehr verengend, restlos in seiner Wandung vereinigt, so daß weder

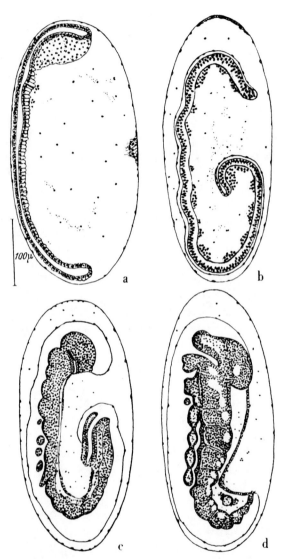

Abb. 87. Schicksal der Symbionten des Käfers Rhizopertha dominica während der Embryonalentwicklung. Bei a) und b) sind die Symbionten (rot) noch zerstreut, bei c) und d) treten sie aus dem Dotter und vereinigen sich in einem Paar von Mycetomen. Nach BUCHNER

außer- noch innerhalb derselben weitere Symbionten zu finden sind. Auf solche Weise werden sie immer näher an den Aufhängepol befördert, von dem jetzt Zellen herabgleiten, welche sich der Symbionten bemächtigen (Abb. 88).

Eine andere, vielleicht die schwierigste Aufgabe haben schließlich jene Embryonen zu lösen, welchen von der Mutter zwei, drei und mehr Symbiontensorten anvertraut werden und die diese nun säuberlich zu scheiden und auf ihre verschiedenen Wohnsitze zu verteilen haben. Bisher hat man diesen Vorgang nur bei Objekten mit zwei und drei verschiedenen Symbionten (Lyctiden, Cocciden, Blattläusen, Psylliden und Zikaden) untersuchen können, aber auch wenn man eine lückenlose Serie vor sich hat, welche uns zeigt, wie dort, wo zunächst die Sorten ungeordnet durcheinanderliegen, plötzlich eine säuberliche Scheidung zustande kommt, bleiben die dabei wirksamen Kräfte geheimnisvoll. Bald hat man den Eindruck, daß die Entmischung dadurch zustande kommt, daß die einzelnen Zellen jeweils eine gewisse Anziehungskraft auf eine bestimmte Symbiontenart aus

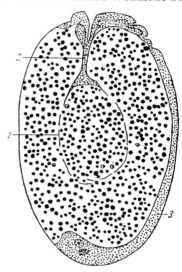

Abb. 88. Embryo des Rüsselkäfers Hylobius abietis mit oberflächlichem Keimstreif (3). An der Anlage des Ösophagus (2) hängt ein die verstreuten Symbionten konzentrierendes Plasmanetz. Nach SCHEINERT

üben, bald sieht es so aus, wie wenn sie sich die eine oder andere aus dem Gemenge herausfischen würden.

Ersteres gilt z. B. bei einer Lackschildlaus (Tachardina silvestrii), bei der ein lockeres Symbiontengemenge von völlig gleich erscheinenden Dotterkernen durchsetzt wird, und bei der sich dann im Plasmahof der einen die eine Sorte, in dem der anderen die zweite immer mehr anreichert, ohne daß zunächst

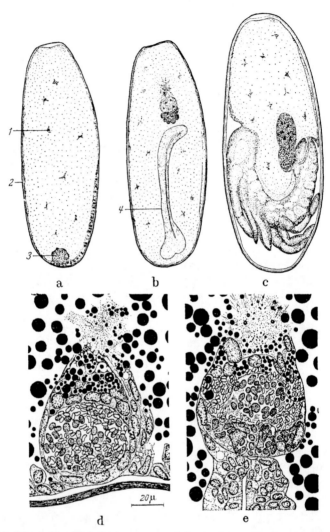

Abb. 89. a), b) und c) Verlagerung und Aussortierung der Symbionten während der Embryonalentwicklung von Fulgora europaea. d) u. e) Zwei Stadien der Sonderung der dreierlei Symbionten bei stärkerer Vergrößerung. 1 Dotterkern, 2 Blastoderm, 3 Symbiontenballen, 4 junger Keimstreif. Nach H. J. Müller

Zellgrenzen vorhanden sind. Zumeist sind es aber von vorneherein verschieden geartete Zellsorten, welche dann nur für je eine Symbiontenart Interesse haben. So werden bei den disymbiontischen Blattläusen und Psylliden die einen mit Furchungskernen versorgt, die anderen von Dotterzellen aufgenommen. Bei Fulgora bilden die beiden Zellsorten zunächst eine Hülle um den Ballen, in dem die drei Symbionten — die Infektionsformen der x-Symbionten aus dem Rektalorgan, die a-Symbionten und ein zusätzliches stäbchenförmiges Bakterium — ungeordnet vereint liegen. Die an die Oberfläche aufgestiegenen und hier jetzt das Blastoderm bildenden Furchungszellen liefern den hinteren Teil der Hülle, während sich nach innen zu Dotterkerne anlegen. Beide Zellsorten unterscheiden sich deutlich und die letzteren sind auf den ersten Blick daran zu erkennen, daß in ihnen die Dotterkugeln in kleinere Fragmente zerfallen (Abb. 89d). Nun setzt die geheimnisvolle Sortierung ein: die Furchungszellen füllen sich mit den größeren a-Symbionten, während sich um die Dotterkerne die kleineren x-Symbionten scharen. In der Mitte bleibt zunächst noch ein Gemenge der 3 Sorten (Abb. 89e). Auf einem nächsten Stadium sind a- und x-Symbionten reinlich geschieden und erstere in einkernigen Zellen untergebracht, während letztere ein Syncytium füllen. Gleichzeitig schiebt der Keimstreif wieder den ganzen Komplex, dem eine Plasmastrahlung aufsitzt, nach vorne (Abb. 89b). Der dritte m-Symbiont wird jedoch zunächst in auffallender Weise vernachlässigt und bekundet sich damit als der zuletzt aufgenommene. Erst spät treten die Stäbchen in die Leibeshöhle über und werden in Zellen des mittleren Keimblattes untergebracht. Bei einer anderen, ebenfalls einheimischen Fulgoroide finden sich anstelle der m-Symbionten die bereits wesentlich besser assimilierten b-Symbionten. Auch sie werden erst mit Kernen versorgt, wenn sie aus dem jungen Sammelmycetom ausgeschieden sind, aber sie bekunden sich bei alledem deutlich als bereits viel inniger in den embryonalen Prozessen verankerte Gäste (Abb. 90).

Bei den Blattläusen mit zwei oder drei Symbionten hat man vor allem die Infektion der Sommerembryonen genauer untersucht. Hier wird die Scheidung vielfach dadurch erleichtert, daß der Übertritt der Sorten, welche sich alle drei der oben beschriebenen

Pforte bedienen (Abb. 81, 82), ein zeitlich mehr oder weniger verschiedener ist. So nehmen bei Pterochlorus zuerst die runden Stammsymbionten von dem ursprünglich für sie allein bereitgestellten Syncytium Besitz und werden dann erst von einem weiteren Strom, welcher ein Gemisch von Kokken und Stäbchen darstellt, auf die Seite gedrängt (Abb. 91a). Ein fortgeschrittenes Stadium der Trennung zeigt uns die Stammsymbionten bereits in großen einkernigen Mycetocyten, die beiden anderen Sorten schon weitgehend auseinandergeklaubt, aber noch nicht definitiv getrennt (Abb. 91 b). Wenn

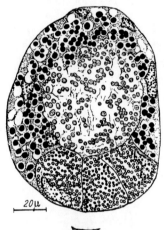

20μ

Abb. 90. Das primäre Sammelmycetom nach Sonderung der drei Sorten bei der Zikade Cixius nervosus. Nach H. J. MÜLLER

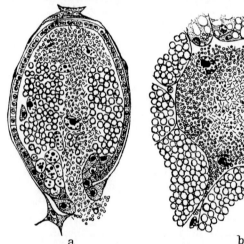

a   b

Abb. 91. a) Infektion des Embryos der Blattlaus Pterochlorus roboris mit dreierlei Symbionten. b) fortgeschrittene Sonderung derselben. Nach KLEVENHUSEN

Nachzügler, wie etwa auf Abb. 91 a einige Stammsymbionten, versehentlich nicht den Anschluß an ihresgleichen finden, verfallen sie zwischen den anderen Formen der Auflösung.

So gestattet schon die Embryonalentwicklung von Formen, welche nur zwei oder drei verschiedene Symbionten beherbergen, einen einzigartigen Blick in ein Geschehen, bei dem uns der Wirtsorganismus wieder wie ein seine Technik in vollendeter Weise beherrschender Mikrobiologe erscheint. Die Entwicklung einer Zikade mit vier,- fünf oder sechserlei Symbionten konnte bisher leider nicht studiert werden, aber wir können nach solchen Erfahrungen sicher sein, daß auch diese noch schwierigeren Aufgaben mit der gleichen Eleganz gemeistert werden.

4. Vom Sinn des Zusammenlebens

Wer die vorangehenden Seiten gelesen hat, wird in steigendem Maße die Überzeugung gewonnen haben, daß all die oft so erstaunlichen Anpassungen, die an ihm vorüberzogen, die wohlabgemessenen Wohnstätten, die bis ins letzte gehende Beherrschung der Vermehrungsrate und der Gestalt der Symbionten, die raffinierten Übertragungseinrichtungen, und das zielbewußte Verhalten während der Embryonalentwicklung nur durch ein Interesse des tierischen Partners an der Existenz seiner Insassen ausgelöst werden konnten. Wenn trotzdem zunächst Stimmen laut wurden, welche etwa die Mycetome oder von Symbionten bewohnte Darmausstülpungen mit Gallbildungen oder den Kapseln, in denen unter Umständen Fliegenlarven oder andere Parasiten abgeriegelt werden, vergleichen wollten oder von unschädlich gemachten Eindringlingen sprachen, so mußten sie allmählich unter dem Eindruck der eine immer deutlichere Sprache sprechenden Befunde verstummen.

Hat sich doch zu allem Überfluß immer wieder gezeigt, daß der tierische Organismus sehr wohl über Mittel verfügt, sich jederzeit von den Symbionten zu befreien, wenn sie nicht mehr erwünscht sind, eine Situation, die in der Tat gar nicht selten eintritt. Vielfach haben sie gegen Ende der larvalen Entwicklung ihre Schuldigkeit getan und werden dann entweder durch Bakteriolysine an Ort und Stelle bis auf undefinierbare Reste aufgelöst oder, wenn ihre Lage diesen Weg gestattet, durch den After entfernt. Ersteres erlebt man vielfach an den Mycetomen der männlichen Insekten, ja die Degeneration der Symbionten kann dann sogar schon auffallend früh einsetzen. Wir haben es bei den Kopfläusen und bei den Bostrychiden (Abb. 33 b) angetroffen, könnten aber noch so manche weitere Beispiele anführen. Im folgenden werden wir hören, daß diese Symbionten dann in der Tat bereits die von ihnen erwarteten Leistungen vollbracht haben. Überflüssig werden sie aber auch überall dort, wo lediglich die Ernährungsgewohnheiten der Larven ihre Hilfe fordern, die der vollentwickelten Tiere sie aber nicht mehr nötig haben. So werden bei den Bockkäfern, welche nur als Larven Holz fressen, sich im imaginalen Zustand aber an Blüten finden, die Hefen im Zusammenhang mit der Metamorphose aus dem Darm entfernt, freilich nicht ohne daß vorher wohlweislich im weiblichen Geschlecht die der Übertragung dienenden Räume gefüllt wurden.

Auf umständlichere Weise gelingt es auch den Calandra-Arten, von denen wir hörten, daß ihre symbiontischen Bakterien in einem den Anfangsdarm umgreifenden Mycetom leben, diese trotzdem auf dem Wege des Darmes zu eliminieren. Wenn die Metamorphose der Larven herannaht, lockert sich hier das Gefüge des Mycetoms, die Mycetocyten gleiten an der Außenseite des sich bereits erneuernden Mitteldarmepithels entlang und zwängen sich schließlich in seiner ganzen Ausdehnung in die Wandung der vielen von ihm gebildeten Zotten. Von ihnen werden sie in wenigen Tagen in das Darmlumen ausgestoßen, in dem sie zugrunde gehen. Teils auf ganz ähnliche, teils auf andere Weise verlieren alle Rüsselkäfer nach Abschluß der Entwicklung oder sogar schon während dieser ihre Symbionten, von denen je ein kleiner Teil bereits lange vorher die weiblichen Urgeschlechtszellen infiziert und so das Zusammenbleiben gesichert hatte (Abb. 35 d).

Aber nicht nur zu gewissen Zeiten vermag das Tier einen Teil seiner Symbionten abzutöten, in jüngster Zeit hat man einen Fall kennengelernt, in dem in einem Bereich, in dem sonst alle Vertreter ihre Symbionten besitzen, eine Gattung sie völlig über Bord geworfen hat. Die Hippeococcus-Arten, tropische, zu den Pseudococcinen gehörende Schildläuse, welche in enger Abhängigkeit von Ameisen leben, beim Saugen von ihnen bewacht

werden und bei Störungen auf ihnen davonreiten (Abb. 92),
legen wohl immer noch in typischer Weise das bei ihnen zu er-
wartende Mycetom an, aber es bleibt symbiontenfrei (Abb. 93).
Sollten sie unsere Vorstellung, daß Pflanzensaft für sie keine
ausreichende Kost ist, Lügen strafen? Keineswegs! Wohl genügt
er hier, um die volle Entwicklung an der Futterpflanze durchzu-
machen, aber die Entwicklung der Ovarien setzt erst ein, wenn
die Läuse dann von ihren
Wächtern in die nahen Erd-
nester getragen werden und
dort den Futtersaft genießen,
von dem wir wissen, daß
er bei staatenbildenden Insekten die Entwicklung der
Gonaden auslöst. Die Sym-
biose mit den Ameisen hat
hier zur Abschaffung der
Endosymbiose mit Bakte-
rien geführt.

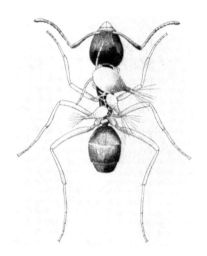

Wahrscheinlich wurde das
auf sehr radikale Weise, nämlich durch Unterdrückung
der Ei-Infektion erreicht.
Dies zu vermuten, berech-
tigt uns die Tatsache, daß
dieses Mittel unter Umständen, gleichsam aus Sparsam-
keit, dort angewendet wird,

Abb. 92. Drei Individuen der Schildlaus Hippeococcus montanus flüchten auf der Ameise Dolichoderus
gibbifer reitend. Nach Reyne

wo reduzierte, kurzlebige Männchen den wesentlichen Teil ihrer
Entwicklung bereits im Mutterleib durchlaufen und nach der Geburt keinerlei Nahrung aufnehmen. Wieder handelt es sich um tropische, diesmal afrikanische Schildläuse, die kleine Familie der
Stictococciden. Abb. 26 hat uns bereits eine männliche, kurz vor
der Geburt stehende Larve vorgeführt, bei welcher die für die
Weibchen typischen Mycetocyten fehlen. Abb. 94c stellt eine der
sehr klein bleibenden Eizellen der gleichen Art dar, welche noch
vor den Reifeteilungen steht, aber neben dem Eikern bereits die
männlichen Chromosomen erkennen läßt. Zwei Mycetocyten

senden die kugeligen Übertragungsformen eben durch im Follikel
entstandene Öffnungen in das dotterfreie Eiplasma. Aber keineswegs alle Eier erleiden diese hier ungewöhnlich stürmisch anmutende Invasion, und im Körper des Muttertieres entwickeln

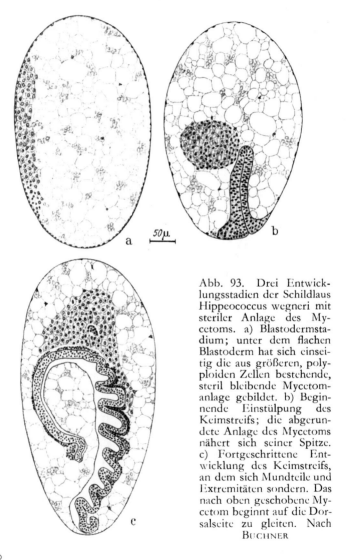

Abb. 93. Drei Entwick-
lungsstadien der Schildlaus
Hippeococcus wegneri mit
steriler Anlage des My-
cetoms. a) Blastodermsta-
dium; unter dem flachen
Blastoderm hat sich einseitig die aus größeren, poly-
ploiden Zellen bestehende,
steril bleibende Mycetom-
anlage gebildet. b) Begin-
nende Einstülpung des
Keimstreifs; die abgerun-
dete Anlage des Mycetoms
nähert sich seiner Spitze.
c) Fortgeschrittene Ent-
wicklung des Keimstreifs,
an dem sich Mundteile und
Extremitäten sondern. Das
nach oben geschobene My-
cetom beginnt auf die Dor-
salseite zu gleiten. Nach
BUCHNER

sich nebeneinander Eier mit und ohne Symbionten auf eine in vieler Hinsicht sehr ungewöhnliche Weise (Abb. 95). Natürlich entstehen aus den symbiontenhaltigen die nach der Geburt noch sehr beträchtlich wachsenden Weibchen, aus den sterilen die kleinen, kurzlebigen Männchen mit völlig rückgebildetem Saugrüssel.

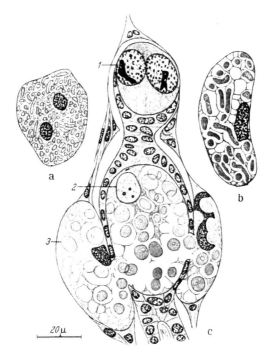

Abb. 94. Mycetocyten und Ei-Infektion der Schildlaus Stictococcus sjoestedti. a) eine typische Mycetocyte, b) Mycetocyte mit sich in die Übertragungsform verwandelnden Symbionten, c) Eizelle während der Infektion. 1 Nährzellen, 2 Eikern, 3 Infektionsform der Symbionten. Nach BUCHNER

Schon allein dieser so überraschende Befund müßte eigentlich jedermann von der Unentbehrlichkeit der Symbionten für Wachstum und Eibildung überzeugen. Ein Gegenstück zu diesem Verhalten der Stictococciden findet sich übrigens bei einem Teil der

sich parthenogenetisch fortpflanzenden Blattläuse, denn eine Reihe
von ihnen unterläßt, wenn im Herbst Männchen und begattungs-

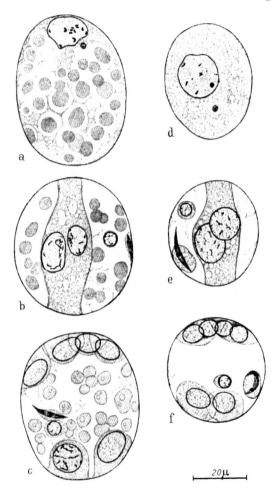

Abb. 95. Befruchtung und frühe Entwicklung infizierter, Weibchen
ergebender und steriler, Männchen liefernder Eier der Schildlaus
Stictococcus sjoestedti; a, b, c) weibliche Reihe, d, e, f) männliche
Reihe, a, d) Eikern und Spermakern, ersterer vor den Reifeteilungen;
b, e) die beiden Vorkerne und Richtungskörper; c, f) 6-Zellenstadien
und Richtungskörper. Nach BUCHNER

bedürftige Weibchen entstehen sollen, die Versorgung der männlichen Embryonen mit Symbionten.

Aus der vergleichenden Betrachtung der Endosymbiosen erwuchs aber nicht nur schon frühzeitig die Überzeugung von ihrer Lebensnotwendigkeit, sondern ergaben sich auch bereits deutliche Hinweise auf die Richtung, in der die Leistungen der Mikroorganismen zu suchen waren. Die experimentelle Erforschung der Endosymbiosen, die in den dreißiger Jahren einsetzte, hat dann die Vermutungen der Morphologen durchaus bestätigt. Zwei Wege waren es in erster Linie, welche sich ihr boten, um zu gesicherten Ergebnissen zu gelangen. Es galt, das Zusammenleben zu sprengen und einerseits sterile Tiere, andererseits Reinkulturen ihrer Symbionten zu gewinnen, um so an den ersteren die Ausfallserscheinungen, an den letzteren die biochemischen Leistungen der Mikroorganismen zu erkunden.

Die Wege, auf denen heute symbiontenfreie Wirtstiere gewonnen werden können, sind recht verschiedene. Die zumeist kaum in Frage kommende operative Entfernung führte wider Erwarten zum Erfolg, als man zum ersten Mal versuchte, eine komplizierte Endosymbiose aufzuheben. Man fand, daß, wenn man bei einer prall mit Blut gefüllten Kleiderlaus die Haut über dem Mycetom mit einer Nadel anstticht, dieses herausgepreßt wird und die so entstandene Öffnung sich alsbald wieder schließt. Ein leichterer, naheliegender Weg bot sich bei den vielen Objekten, welche bei der Ablage der Eier deren Oberfläche mit Symbionten beschmieren. Hier mußte es ja genügen, diese zu sterilisieren und so die schlüpfenden Larven an der Infektion zu verhindern. Und in der Tat gelang dies sowohl bei den Hefen von Sitodrepa und ihren Verwandten als auch bei den Bakterien der blutsaugenden Wanzen Rhodnius und Triatoma mit Hilfe einer wäßrigen Lösung von Gentianaviolett ohne weiteres und machte man damit das ebenfalls durchführbare, mühsamere Herauspräparieren der Larven aus den Eischalen überflüssig. Als man die Gelege der Blattwanze Coptosoma kennenlernte (Abb. 54), verführten sie natürlich auch sofort dazu, die mit Bakterien gefüllten Kapseln zu entfernen und damit die schlüpfenden Larven ihrer Symbiontenquelle zu berauben.

Aber auch die Insekten, welche ihre Symbionten nicht irgendwie im oder am Darm, sondern in Mycetomen unterbringen, lernte man alsbald auf verschiedenen Wegen symbiontenfrei zu machen. In erster Linie bot sich hierzu die Möglichkeit der Injektion oder Verfütterung von baktericiden Stoffen, wie von Antibiotica und Sulfonamiden. Auf solche Weise gewann man sterile Küchenschaben mit Aureomycin, Terramycin, Chloromycetin, Streptomycin, Penicillin und Sulfathiazol, sterile Calandra, Rhizopertha und Oryzaephilus mit Aureomycin und Terramycin, sterile Rhodnius und Triatoma mit Terramycin, sterile medizinische Blutegel mit Chloromycetin.

Ein anderer Weg bot sich, als man Oryzaephilus, um seine Entwicklung zu beschleunigen, im Thermostaten hielt und feststellte, daß die tödliche Temperaturgrenze für die Käfer bei 38°C liegt, daß aber die Übertragungsformen der Symbionten bereits bei 35°C zugrunde gehen und so sterile Nachkommen erzeugt werden. Abb. 96 zeigt ein Mycetom mit weitgehender Reduktion

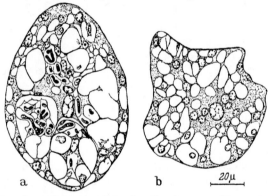

a   b $\overline{\quad 20\mu \quad}$

Abb. 96. Verödung des von Vakuolen durchsetzten Mycetoms von Oryzaephilus surinamensis unter dem Einfluß erhöhter Temperatur. a) mit wenigen Symbionten, b) völlig steril. Nach KOCH

der Symbionten und ein weiteres, bei dem immer noch der eigentümliche große zentrale Kern erhalten ist, die Symbionten aber völlig geschwunden sind (vgl. Abb. 34). Bei 39°C und gleichzeitigem Nahrungsentzug sterben auch die Symbionten der Schildlaus Pseudococcus sowohl im Mycetom als auch in den Eiern. Bei der gleichen Temperatur gehen sämtliche oder nahezu sämtliche Bakterien der Küchenschaben zugrunde, während die Wirte erst bei 40° C das gleiche Schicksal erleiden. Auch bei den in Getreidekörnern lebenden Calandra-Arten — granaria und oryzae — ließen sich die Symbionten durch Hitzewirkung vollkommen ausschalten. Nach ihrem Verlust werden auch hier, wie bei Oryzaephilus, ihre ehemaligen Wohnsitze in stark reduzierter Form gebildet und verhalten sich diese bei der Metamorphose ganz wie wenn sie infiziert wären. Das gleiche gilt für eine ägyptische Varietät der Calandra granaria, welche bereits in freier Natur, offenbar infolge der höheren Temperatur ihres Lebensraumes, die Symbionten verloren hat, aber nun trotzdem die durch deren Existenz ausgelösten Einrichtungen durch zahllose Generationen rekapituliert. Ein anderer Getreideschädling, Rhizopertha dominica, hingegen ist auf solchem Wege nicht so leicht steril zu bekommen. Auch bei ihm geht die große Mehrzahl der Symbionten bei 38° C zugrunde, aber selbst bei völliger Entvölkerung der Mycetome erscheinen bei den Tochtergenerationen vereinzelte Symbionten, welche sie allmählich wieder auffüllen. Hier werden thermoresistente, den Übertragungsformen vergleichbare Zustände gebildet, welche sich unter Umständen nur noch außerhalb des Mycetoms finden und das Zusammenleben aufrechterhalten. Offensichtlich liegt in diesem Fall eine interessante Anpassung an die tropische Heimat der Tiere vor.

Eine völlig andere Methode, welche aber bisher nur bei den Menschenläusen zum Ziele führte, besteht im Zentrifugieren junger Embryonen. Dadurch wird ein gewisser Prozentsatz der Mycetomanlagen an falsche Orte verlagert und genießen daher die Symbionten nicht mehr den ihnen sonst zukommenden Schutz gegen die Stoffe (Lysine), welche dem Wirtsorganismus zur Abwehr unerwünschter Eindringlinge zur Verfügung stehen.

Hat man somit heute bereits viele Wege gefunden, sterile Tiere zu gewinnen, so ist man andererseits beim Versuch, einwandfreie Kulturen der symbiontischen Mikroorganismen zu gewinnen, zum Teil auf beträchtliche Schwierigkeiten gestoßen. Die Zucht der Ambrosiapilze macht begreiflicherweise keine Schwierigkeiten, und auch dort, wo es sich um Bewohner des Darmlumens und der dieses begrenzenden Zellen handelt, gelingen die Kulturen dank der weniger einschneidenden Anpassung zumeist. Dies gilt für die den Darm des medizinischen Blutegels bevölkernden Pseudomonas hirudinis, für die Symbionten der verschiedenen Trypetiden einschließlich der Olivenfliege, für die einer Reihe von Blattwanzen und die der blutsaugenden Rhodnius und Triatoma. Auch die Hefen von Sitodrepa und so mancher Verwandter des Brotkäfers ließen sich züchten, wenn man nur gleichzeitig eine größere Zahl von Zellen verimpfte. Die Bockkäfer-Hefen machten zumeist auch keine Schwierigkeiten.

Sobald es sich aber um Bewohner von Mycetomen und Mycetocyten handelt, ist die Situation eine andere. Bei ihnen ist offenbar die Anpassung an das intrazellulare Leben eine so innige geworden, daß es nicht leicht ist, sie an ein anderes Milieu zu gewöhnen. So waren bisher alle Bemühungen, die Symbionten der Küchenschaben, von denen wir im folgenden Kapitel hören werden, daß sie seit dem Palaeozoikum als intrazellulare Gäste in ihnen leben, zu kultivieren, vergeblich, obwohl sich ihre Gestalt im Gegensatz zu so vielen anderen symbiontischen Bakterien durch die Jahrmillionen recht unverändert erhalten hat. Gesichert ist hingegen die Kultur der Insassen des Mycetoms der Schildlaus Pseudococcus. Positive Angaben, welche sich auf die Symbionten der Kleiderläuse, der Blattläuse und manche andere Objekte beziehen, sind jedoch umstritten und können zum Teil sicher nicht aufrechterhalten werden. Auch bei dem Versuch, die Bettwanzensymbionten zu züchten, hat sich die Technik des tierischen Mikrobenzüchters der des Bakteriologen überlegen gezeigt. Daß andererseits schon vor langer Zeit die Zucht der in der Leibeshöhle der Lecanien (Schildläuse) freitreibenden Konidien von Ascomyceten keine Schwierigkeiten machte, wird nicht wundernehmen.

Was geschah nun, wenn man die verschiedenen Insekten, die wir angeführt haben, auf diese oder jene Weise ihrer Symbionten beraubte? Das erste Experiment mit eindeutigem Ergebnis wurde an dem Brotkäfer, also einem von kohlehydratreicher Nahrung lebenden Tier, gemacht. Die Larven, welche aus Eiern mit steriler Schale schlüpfen, hatten wohl die sonst von den Hefen bezogenen Wohnstätten angelegt, aber die Tiere blieben inmitten einer für symbiontenhaltige Tiere vollwertigen Nahrung klein und kümmerlich und gingen schließlich, ohne sich auch nur einmal gehäutet zu haben, zugrunde. Abb. 97a stellt eine 10 Wochen alte symbiontenfreie Larve dar, Abb. 97c ein ebenso altes Kontrolltier mit Symbionten, das in der gleichen Nahrung heranwuchs. Da es nahelag, zu vermuten, daß dieser gewaltige Unterschied durch den Wegfall wachstumsfördernder, von den Symbionten gelieferter Stoffe bedingt sei, fügte man der Nahrung der sterilen Larven Trockenhefe oder auch Weizenkeimlinge bei, und das Resultat war das erwartete. Nach 10 Wochen hatten nun so gehaltene Larven nahezu die Größe der infizierten erreicht (Abb. 97b).

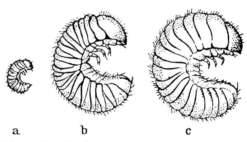

a   b   c

Abb. 97. Wirkung des Symbiontenentzuges auf das Wachstum von Sitodrepa panicea. a) bei steriler Kost, b) bei gleicher Kost und Hefezusatz. c) Symbiontenhaltiges Kontrolltier. Alle Tiere sind gleich alt. Nach KOCH

Als diese Ergebnisse im Jahre 1933 veröffentlicht wurden, stand die Analyse des Wuchsstoffgehaltes der Mikroorganismen und des Bedarfes der Insekten an solchen Stoffen noch in den Anfängen, aber seitdem hat man auf diesem Gebiet bedeutende Fortschritte gemacht und hat auch die Symbioseforschung davon entsprechenden Gewinn gehabt. Dabei war von großem Wert, daß man in Tribolium, einem ohne Symbionten lebenden Käfer, von dem man weiß, daß er alle von ihm benötigten Wuchsstoffe in der Hefe findet, ein ideales Testobjekt entdeckt hatte, das den Vitamingehalt der verschiedensten Präparate zu bestimmen gestattet. Der Tab. 1 ist zu entnehmen, wie sich das Wachstum von Sitodrepa und Lasioderma, einer nahe verwandten Anobiidengattung, die vornehmlich in Tabakvorräten lebt, mit und ohne Symbionten bei einer vollwertigen, acht B-Vitamine enthaltenden Nahrung gestaltet und welche Wirkung der Ausfall je eines dieser Vitamine hat. Sind Symbionten vorhanden, so hat ein solcher gar keinen oder nur geringen Einfluß, fehlen sie, so macht zumeist schon der Ausfall eines dieser Vitamine jegliches Wachstum unmöglich, und aus dem Vergleich mit Tribolium geht deutlich hervor, welch große Vorteile die Symbiontenträger ihm gegenüber genießen.

Interessanterweise bestehen aber auch hinsichtlich der Leistungsfähigkeit der Symbionten von Sitodrepa und Lasioderma gewisse Unterschiede. Sitodrepa muß z. B. das Thiamin, auch wenn die Symbionten vorhanden sind, in der Nahrung finden, während Lasioderma sein Fehlen noch einigermaßen ertragen kann. Der

Tabelle 1

	Lasioderma		Sitodrepa		Tribolium ohne Symbionten
	mit Symbionten	ohne Symbionten	mit Symbionten	ohne Symbionten	
Vollnahrung	++++	+++	++++	++++	++++
Kein Thiamin	++	++	—	—	+
Kein Riboflavin	++++	—	+++	—	±
Keine Nikotinsäure	++++	—	++++	—	—
Kein Pyridoxin	++++	—	+++	—	++
Keine Pantothensäure	+++	—	++	—	±
Kein Cholinchlorid	++	—	+++	±	+++
Kein Biotin	++	++	++	—	
Keine Folsäure	+++	+	++	—	

Wachstum der Larven von Lasioderma und Sitodrepa mit und ohne Symbionten, verglichen mit dem von Tribolium in Vollnahrung (künstliche Diät mit 8 Vitaminen) und bei Abwesenheit von je einem der geprüften Vitamine. Die Zahl der + entspricht dem Grade des Wachstums; ± = höchst ungünstiges Wachstum, nur selten Metamorphose des einen oder anderen Tieres; + = hohe Sterblichkeit und langsames Wachstum; — = Fehlen jeglichen Wachstumsvermögens. Kombiniert nach Blewett u. Fraenkel und Pant u. Fraenkel

Umstand, daß die Hefen dieser Käfer leicht zu züchten sind, verlockte dazu, sie mittels Beschmierung der Eischale oder Verfütterung an sterile Tiere auszutauschen. Dabei ergab sich, daß die Wertigkeit der Hefen in dem fremden Milieu die gleiche blieb und man auf solche Weise bezüglich des Thiamins die Entwicklungsmöglichkeit von Sitodrepa verbessern und die von Lasioderma verschlechtern konnte. Auch als man den Biotingehalt der

Sitodrepahefen mit denen von Ernobius, einem in Tannenzapfen minierenden Verwandten, verglich, ergaben sich mancherlei Unterschiede (s. Tab. 2).

Tabelle 2

	Beta-Biotin	Pantothen-säure	Thiamin	Riboflavin	Pyridoxin	Nikotin-säureamid	Folsäure	Cholin-chlorid	Carnitin
Hylecoetus-Pilz	xxxx	xxxx	xxxx	xxxx	xxxx	xxxx	xxxx	xxxx	+
Xyleborus-Pilz	xxxx	xxxxx	xxxx	xxxx	xxxx	xxxx	xxxx	xxxxx	+
Ernobius-Symbiont	xxxx	xxxx	xxxx	xxxx	xxxx	xxxxx	xxxx	xxxxx	+
Sitodrepa-Symbiont	x	xxxxx	xxx	xxxxx	xxxx	xxxxx	xxxx	xxxx	+
Mesocerus-Symbiont	xx	xx	x	xx	xxx	—	xx	xx	—
Bacterium coli	xxxxx	xxxx	xxxx	xxxx	xxxxx	xxxx	xxxxx	xxxx	—
Bierhefe (Extrakt)	xx	xxxx	xxxx	xxxx	xxxxx	xxxx	xxxxx	xxxx	+
Buchenholz (tot)	o	o	o	o	x	o	o	xx	—
Lindenholz	o	o	o	o	x	o	x	xx	—
Siebröhrensaft v. Quercus rubra L.	x	o	x	o	x	xxx	x	x	—

Wirkstoffgehalt verschiedener symbiontischer Mikroorganismen im Vergleich mit dem von Bierhefe, Holz und Siebröhrensaft
Zeichenerklärung: x—xxxxx = graduelle Abstufung des Wirkstoff-gehaltes; + = vorhanden; — = fehlend; o = unzureichend bzw. fehlend. Nach Koch

Auch in jüngster Zeit mit den Symbionten von drei verschiede-nen Bockkäferlarven durchgeführte Versuche deckten recht be-trächtliche Unterschiede hinsichtlich ihrer Leistungsfähigkeit auf. So kommt die Hefe von Rhagium inquisitor in Nährlösung zwar ohne das Biotin aus, wächst aber viel rascher bei Anwesenheit dieses Vitamins, die von Rhagium mordax produziert überhaupt kein Biotin, die von Leptura rubra weder Biotin noch Pyrimidin. Auch als man berechnete, welche Vitamine in das Nährmedium abgegeben werden und in welcher Menge dies geschieht, stellte man eine vom Standpunkt des Wirtes aus gesehen recht verschie-dene Wertigkeit der Symbionten fest. Man wird also ganz allge-mein damit zu rechnen haben, daß auch in einem engen und engsten

Verwandtenkreis der Nutzen der jeweiligen Symbiose keineswegs stets genau der gleiche ist.

Wie nötig die Anobien, die ja in erster Linie Holz fressende Tiere sind, und die Bockkäferlarven ihre Symbionten haben und wie ihnen erst durch ihren Erwerb das Holz als Nahrungsquelle erschlossen wurde, zeigt ein Blick auf die Tab. 2, aus der hervorgeht, daß z. B. im Buchen- und Lindenholz von den acht auf ihr genannten Vitaminen die meisten völlig fehlen und die restlichen nur in sehr geringer Menge vorhanden sind. Auf ihr sind zum Vergleich auch die Wirkstoffmengen eingetragen, welche die Endosymbionten von Sitodrepa und Ernobius und die Ambrosiapilze von Hylecoetus und Xyleborus zu liefern vermögen, und findet auch das Carnitin, das sich als ein weiterer, für die Insektenentwicklung nötiger Stoff herausstellte, Berücksichtigung. Umgekehrt macht die Wirkstoffanalyse krautiger Pflanzenteile ohne weiteres verständlich, daß von ihnen lebende Bockkäferlarven, wie übrigens ja auch Schmetterlingsraupen und viele Käfer, keine Symbionten besitzen.

Wenn von Holzfressern abstammende Käfer dazu übergegangen sind, sich von Getreidekörnern zu ernähren, wie das in mehreren Familien der Fall ist, sind jedoch die Symbionten keineswegs stets so lebensnotwendig geblieben wie bei Sitodrepa. Als man dem Oryzaephilus surinamensis seine Symbionten nahm, bedeutete dies für ihn keine tiefgreifende Schädigung, und die var. aegyptica der Calandra granaria, die ohne menschliches Zutun ihre Bakterien verlor, kann auch ohne sie leben. Auch bei den Calandren, welche ihre Symbionten nicht verloren haben, muß deren künstlicher Entzug nicht tödlich wirken, aber er engt nun die Nahrungswahl beträchtlich ein, denn die sterilen Larven können sich jetzt nicht mehr in Hafer-, Gersten- und Maiskörnern entwickeln, wohl aber in Weizenkörnern und in Milokorn, einer Sorghum spec. Eine ähnliche Einengung der Lebensmöglichkeiten ergab sich auch bei der ägyptischen Varietät.

Wenden wir uns nun einer anderen Gruppe von Symbionten benötigenden Nahrungsspezialisten zu, bei der die ersten Experimente auch schon weit zurückliegen, den ausschließlich von Wirbeltierblut lebenden Tieren! Als man das Mycetom der Kleiderlaus, sei es operativ oder durch Zentrifugieren, entfernte, traten

schwere Störungen auf, welche ganz den Eindruck von Avit-
aminosen machten. Nach einigen Tagen vermochten die Tiere
nicht mehr zu saugen, ihre Beweglichkeit und die Eiablage waren
schwer gestört; wurden überhaupt noch Eier abgelegt, so waren
sie nicht entwicklungsfähig, und 1—2 Tage nach Eintritt solcher
Symptome starben die Tiere. Daß es sich hierbei nicht um eine
Folge der Verletzung handelte, ergab sich aus dem Umstand, daß
eine solche Operation an männlichen Larven nach der hier ein-
setzenden Degeneration der Symbionten oder bei weiblichen nach
deren Abwanderung in die Ovarialampullen ohne Schaden über-
standen wurde (Abb. 79a). Als man versuchte, den symbiontenfreien Tieren Blutklistiere mit und ohne Zusatz von Hefeextrakt
oder Bakterienfiltraten zu geben, erzielte man wohl eine Ab-
schwächung der Mangelsymptome, vermochte aber den Tod
nicht aufzuhalten.

Versuche mit sterilen Rhodnius demonstrierten dann mit aller
Deutlichkeit, daß eine normale Entwicklung ohne Symbionten
nicht möglich ist. Wohl machten sich bis zum dritten oder vierten
Larvenstadium keine wesentlichen Auswirkungen des Symbiontenverlustes bemerkbar, aber die Häutungen wurden immerhin
bereits zum Teil verzögert. Nach der vierten Häutung aber waren
viele Tiere überhaupt nicht mehr fähig, sich vollends zu entwickeln, und die wenigen, welchen es noch gelang, benötigten
sehr lange Zeiträume und viel häufigere Nahrungsaufnahmen.
Normalerweise dauert die gesamte Entwicklung wenig mehr als
zwei Monate und muß zwischen zwei Häutungen nur einmal
Blut gesogen werden; nun aber blieben die wenigen Tiere, welche
so weit kamen, unter Umständen ein Jahr lang auf dem fünften
Larvenstadium stehen, und die wenigen Imagines, die man erhielt, *vermochten keine Eier zu bilden*. Sorgte man aber für eine er-
neute Infektion, so konnte die Entwicklung zu Ende geführt
werden und vermochten bis dahin unreife Weibchen die Ovarien
noch zu entfalten. Diese Feststellungen wurden in der Folge von
mehreren Autoren durchaus bestätigt (Abb. 98).

Daß auch bei den ausschließlich von Wirbeltierblut lebenden
Tieren die Vitaminbelieferung durch die Symbionten ein Rolle
spielt, machen Erfahrungen, welche man an Mückenlarven, also
an Tieren, welche nur im erwachsenen Zustand Blut saugen,

als Larven aber von Bakterien, Algen und Pilzen leben, von vornherein sehr wahrscheinlich. Kann man sie doch nur dann in sterilen Medien zur Entwicklung bringen, wenn man ihnen Riboflavin, Pantothensäure, Thiamin, Pyridoxin, Nikotinsäure, Biotin und Folsäure zufügt. Die letztere ist dann zwar bis zum vierten Larvenstadium entbehrlich, für die Weiterentwicklung aber unerläßlich.

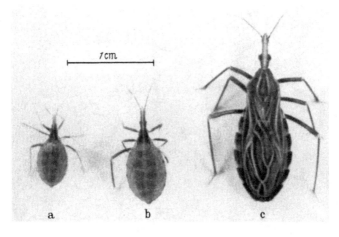

Abb. 98. Wirkung des Symbiontenentzuges auf die Entwicklung der Raubwanze Rhodnius prolixus. Drei gleichalte Tiere, a) und b) sind symbiontenfrei und erreichten nur das 3. bzw. 4. Larvenstadium; c) besitzt Symbionten und entwickelte sich zur Imago. Nach SCHWARTZ

Man könnte einwenden, daß ja im Blut der Wirbeltiere und des Menschen all diese Vitamine nicht fehlen, aber bei genauerem Zusehen ergibt sich, daß sie mindestens zum Teil nicht in der von den blutsaugenden Tieren benötigten Menge vorhanden sind. Als man berechnete, wieviel Thiamin, Riboflavin, Pantothensäure, Pyridoxin und Nikotinsäure ein nicht in Symbiose lebender Käfer (Tenebrio) pro 1 g trockener Diät benötigt und wieviel in einer entsprechenden Menge trockenen Blutes vorhanden ist, reichte lediglich die Nikotinsäure aus, während sein Bedarf an den anderen Vitaminen das Angebot meist um ein Vielfaches übertraf. Berechnungen, welche man an Bettwanzen anstellte, bestätigen dies durchaus. In den 20—25 mg Blut, das eine solche bis zur Geschlechtsreife benötigt, ist nur etwa ein Viertel bis ein Fünftel der Menge von Riboflavin enthalten, welche man zu dieser Zeit im Körper der Wanze feststellt. Läßt man Bettwanzen oder die Zecke Ornithodorus moubata sich an Ratten entwickeln, in deren Blut infolge einer entsprechenden Mangeldiät das Riboflavin völlig fehlt, so ist an beiden Objekten weder eine ungünstige Beeinflussung des Wachstums noch der Eiproduktion und der Entwicklungsfähigkeit der Eier festzustellen.

Auch bei den an Blutnahrung angepaßten Tieren ist natürlich von vornherein anzunehmen, daß die Leistungen der verschieden gearteten Symbionten und die Ansprüche, welche die Wirtstiere an sie stellen müssen, nicht überall die gleichen sind. So benötigen nach neueren Feststellungen die Rhodnius-Symbionten selbst Lactoflavin, Nikotinsäure, Pantothensäure, Biotin und Pyridoxin und scheinen ihren Wirten lediglich die auch sonst für die Larvenentwicklung unentbehrliche Folsäure in hinreichender Menge zur Verfügung stellen zu können. Jedenfalls bedarf es bei den Blutsaugern noch eindringlicher ernährungsphysiologischer Studien an möglichst vielen verschiedenen Objekten. Erst dann wird auch die Frage, inwieweit die Symbionten auch die Blutverdauung fördern oder sogar allein ermöglichen, geklärt werden. Heute stehen Forschern, welche an ihren hämolysierenden Fähigkeiten nicht zweifeln, andere gegenüber, die sich ablehnend verhalten.

Als dritte große, ökologisch bedingte Kategorie von Symbiontenträgern ergaben sich die vom Siebröhrensaft krautiger und holziger Gewächse und damit von einer sehr zuckerreichen, aber ziemlich eiweißarmen Nahrung lebenden Insekten. Wenn wir auch noch recht wenig über ihren Vitamingehalt wissen, so steht doch jedenfalls fest, daß er sehr gering ist. Auf Tab. 2 erscheint im Siebröhrensaft der Eiche lediglich das Nikotinsäureamid in etwas größerer Menge, andere B-Vitamine fehlen ganz oder sind nur ungenügend vertreten. Daraus ergibt sich von vornherein, daß die zahllosen Insekten, welche trotzdem bei dieser Kost gedeihen, ja sogar oft eine gewaltige Vermehrungsintensität offenbaren, wie etwa die Blattläuse, vor zwei Problemen stehen. Müssen sie ja nicht nur der unentbehrlichen Vitamine habhaft werden, sondern sich zugleich eine Eiweißquelle erschließen. Leider steht zwar gerade auf diesem Gebiet, das uns eine solche Fülle innigster Anpassungen geliefert hat, die experimentelle Analyse aus technischen Gründen noch in den ersten Anfängen, aber was man bisher erarbeitet hat, entspricht auch hier dem, was von vornherein zu erwarten war.

Der so verlockende Versuch, die Coptosoma-Gelege ihrer mit Bakterien gefüllten Kapseln zu berauben, hat zu Ergebnissen geführt, welche sehr an die bei Rhodnius erhaltenen erinnern. Wieder ist die Sterblichkeit vor allem der jungen sterilen Larven sehr groß und ihr Entwicklungstempo gegenüber dem der infizierten verzögert, und nur ein sehr geringer Prozentsatz erreicht das Endstadium. Mit wuchsstoffreichen Keimpflanzen der Wicke, an welcher diese Wanzen leben, ernährt, werden diese Ausfallserscheinungen weitgehend ausgeglichen. Die wenigen Gelege, welche man von sterilen Weibchen erhielt, waren ganz wie die der infizierten mit normal gebauten Kapseln versorgt, enthielten aber lediglich das Füllsekret, welches sonst von den Symbionten durchsetzt ist.

Einen Schritt weiter kam man, als man die Bakterien einer anderen Blattwanze, Mesocerus marginatus, in großen Mengen zu kultivieren gelernt hatte und damit in die Lage versetzt wurde, ihren Vitamingehalt an Triboliumlarven auszutesten. Aus Tab. 2 ist das Resultat zu entnehmen. Sieben von den acht geprüften Vitaminen werden in hinreichender Menge von den Symbionten gebildet und zum Teil auch an den Nährboden abgegeben, nur das Nikotinsäureamid, das allein im Siebröhrensaft wenigstens der Eiche reichlicher vorhanden ist, war in den Symbionten auffälligerweise nur in Spuren nachweisbar, welche aus dem Nährsubstrat stammten. Wenn man auch leider über den Vitamingehalt der Sauerampferarten, an denen Mesocerus vornehmlich saugt, nicht orientiert ist, so kann doch bereits nach den Beobachtungen an diesen beiden Wanzen kein Zweifel darüber herrschen, daß sich der Nutzen ihrer Symbionten in der erwarteten Richtung bewegt. Das gleiche gilt für die Schildlaus Pseudococcus, also einem Objekt, bei dem die symbiontischen Bakterien in einem unpaaren Mycetom leben. Auch hier führte der künstliche Symbiontenverlust zu schwerer Schädigung der Eiröhren und vorzeitigem Tod der Wirte und anhand von neuerdings bestätigten

Reinkulturen ließen sich in den Symbionten sämtliche Vitamine der Hefe nachweisen.

Das gleiche Objekt gibt uns aber auch Aufschluß über die beiden Wege, auf welchen Pflanzensäfte saugende Insekten unter Umständen ihren Eiweißbedarf zu decken vermögen. Man konnte zeigen, daß, wenn man die Pseudococcus-Symbionten in einer Lösung hielt, welche völlig stickstofffrei war und als Kohlehydrat lediglich Galaktose enthielt, in dieser am Ende des Versuches alle Aminosäuren vorhanden waren, welche man auch in der Lymphe der Schildläuse gefunden hatte. Die Symbionten sind also hier zweifellos befähigt, atmosphärischen Stickstoff zu binden. Interessanterweise nehmen sie unter solchen Bedingungen die gleichen Y-förmigen Gestalten an, wie man sie von Kulturen der Leguminosenbakterien kennt. In welchem Umfange diese Fähigkeit der Pseudococcus-Symbionten auch in den mit Tracheen reich versorgten Mycetomen eine Rolle spielt, entzieht sich freilich zunächst noch unserer Kenntnis. Immerhin werden damit Angaben gestützt, welche schon weiter zurückliegen und sich in erster Linie auf Blattläuse, aber auch auf Zikaden beziehen. Dabei handelt es sich um Untersuchungen, welche sich einer Methode bedienten, die bereits bei der Erforschung der Assimilation des atmosphärischen Stickstoffes durch die Bakterien der Leguminosenwurzeln mit Erfolg angewendet worden war; wie dort nahm man die Stickstoffbestimmungen an zerquetschten Objekten vor, denen Oxalessigsäure zugesetzt wurde, von der sich herausgestellt hatte, daß sie bei den Leguminosen unerläßlich ist. Nach 24 Stunden war auf solche Weise in dem Gewebebrei unter Umständen ein Anstieg des Stickstoffgehaltes um weit über 100% zu konstatieren.

Als zweiter Weg zur Gewinnung von Stickstoff bietet sich den Symbionten die Möglichkeit, für den Wirt unverwertbare Stoffwechselendprodukte wieder in den Kreislauf zurückzuführen. Anhand der Reinkulturen der Pseudococcus-Symbionten ließ sich das Vorhandensein einer Urease nachweisen und zeigen, daß sie dank ihr sowohl den gesamten Stickstoff- als auch ihren Kohlenstoffbedarf aus Harnstoff zu decken vermögen. Zu ganz ähnlichen Resultaten gelangte man auch hinsichtlich der Reinkulturen der den Darm der Blattwanze Mesocerus besiedelnden Bakterien, bei denen jedoch nicht Harnstoff, sondern Harnsäure das

Ausgangsmaterial darstellt, und schon viel früher wurde dargetan, daß die in Schildläusen (Lecaniinen) lebenden Ascomyceten diese beiden Schlacken des Wirtsstoffwechsels zu verwerten vermögen. Schließlich ergab sich bei den oben herangezogenen neuen Untersuchungen über die Hefen jener drei Bockkäfer, daß sie ebenfalls Harnstoff und Harnsäure, aber nicht etwa atmosphärischen Stickstoff zu assimilieren vermögen. Während diese zur Gattung Candida zählenden Organismen in den Kulturen rund oder oval zu werden pflegen, nehmen sie in Lösungen mit Harnstoff als Stickstoffquelle interessanterweise die auf einer Seite spitz auslaufende Gestalt an, die für ihr Leben in den Larven typisch ist.

Mit solchen Fähigkeiten der Symbionten hängt vermutlich zusammen, daß wir sie nicht selten in Exkretionsorganen lokalisiert finden. Bei verschiedenen Käfern und bei den Zecken sind sie uns ja in den Malpighischen Gefäßen begegnet; bei den Schaben liegen die Mycetocyten mitten zwischen den Exkrete speichernden Fettzellen; bei gewissen Landschnecken (Annulariiden und Cyclostomatiden), auf die wir nicht eingegangen sind, leben in den Konkrementdrüsen Bakterien und in den Speichernieren gewisser Manteltiere (Molguliden) nicht minder regelmäßig sehr eigenartige Pilze.

In letzter Zeit hat man sich vor allem auch eingehend mit den Ausfallserscheinungen beschäftigt, welche sich bei Schaben nach Symbiontenverlust einstellen. Als Allesfresser nehmen diese Tiere ja von vornherein eine Sonderstellung gegenüber den Nahrungsspezialisten ein. Unter den verschiedenen Antibiotica, welche man verwendete, um die Symbionten abzutöten, stellte sich Penicillin als das wirksamste Mittel heraus. Nach 3—4 Monaten sind die Tiere völlig steril, aber die leeren Mycetocyten lassen sich dank ihrer größeren Kerne deutlich von den umgebenden Fettzellen unterscheiden. Benutzt man hingegen Chloromycetin oder Streptomycin, so resultierte stets bei einem Teil der Versuchstiere eine Resistenz der Bakterien; die Eier wurden zwar infiziert, aber die Besiedelung des larvalen Fettkörpers blieb mangelhaft. Wie bei so vielen ähnlichen Versuchen ergab sich bei den einzelnen Arten, mit welchen man experimentierte, eine von Objekt zu Objekt verschiedene Verzögerung der Entwicklung, die Endstadien blieben an Größe beträchtlich hinter den infizierten Kontroll-

tieren zurück und unterschieden sich auf den ersten Blick von
den normalen dunklen Tieren durch ihre gelbliche Färbung
und durch eine anormale, gespreizte Stellung der Flügel — Symptome einer Avitaminose, wie man sie bei entsprechenden Kulturen von Tribolium in noch viel extremerem Grade erhält
(Abb. 99).

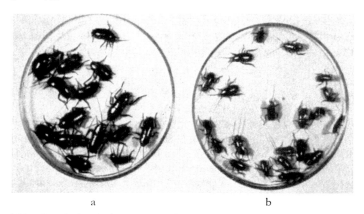

a   b

Abb. 99. Wachstumshemmung durch Symbiontenentzug bei der
Küchenschabe Blatta orientalis. Gleichalte Tiere a) mit Symbionten
und b) ohne diese. Nach FRANK

Die tiefgreifendste Folge des Symbiontenverlustes aber macht
sich an den Ovarien bemerkbar. Schon das Gewicht der Tiere,
welches normalerweise entsprechend der Schwellung der Gonaden
beträchtlich zunimmt, verrät, daß ihre Entwicklung unterdrückt
wurde. Manchmal sind sie im Gegensatz zu den Hoden, deren
Reifung in keiner Weise gestört wird, kaum aufzufinden, und wenn
das Eiwachstum wenigstens noch einen Anlauf nehmen konnte,
verfallen die jungen Eizellen schweren lytischen Veränderungen,
Follikel und Ovocyten sind dann von großen Vakuolen durchsetzt,
und es kommt bei solchen Tieren dementsprechend auch nie zur
Bildung der für die Schaben so typischen, die Eier in zwei Reihen
bergenden Kokons. Sehr merkwürdig ist, daß man im Gegensatz
zu den sonstigen Objekten durch Vitamingaben keine wesentliche
Besserung erzielt. Nur einige Mittel, wie Bäckerhefe und „Multi-
bionta" haben eine leichte Steigerung des Entwicklungstempos

ergeben, aber niemals kam es etwa zu einer Kokonbildung. So möchte man vermuten, daß hier von den Symbionten spezifische Stoffe geliefert werden, wie sie ähnlich in dem Futtersaft staatenbildender Insekten vorhanden sind, und daß diese vielleicht auf dem Umwege über die Häutungs- und Reifungshormone produzierenden Organe die Entfaltung der Gonaden auslösen.

Die Lebensnotwendigkeit der Endosymbiosen ist zweifellos schon heute erwiesen, und die verschiedenen Richtungen, in denen sich die Leistungen der Mikroorganismen bewegen, sind im wesentlichen aufgezeigt, aber darüber darf nicht vergessen werden, daß die experimentelle Symbioseforschung noch in den Anfängen steht. Auf Schritt und Tritt tauchen offene Fragen auf, welche die Mithilfe des Bakteriologen und des Biochemikers verlangen. Was bisher erarbeitet wurde, geht ja nahezu ausschließlich auf die Bemühungen von Zoologen zurück. Die Frage nach der Bedeutung der Polysymbiosen, bei denen mit einer Ergänzung der Leistungen der bereits eingebürgerten Symbionten zu rechnen ist, konnte bis heute noch nicht in Angriff genommen werden, die eubiotischen und antibiotischen Wechselbeziehungen der verschiedenen, in einem Wirtstier vereint lebenden Mikroorganismen, die Möglichkeit und die Grenzen einer Vertauschbarkeit der Symbionten und die der künstlichen Schaffung neuer Symbiosen, das Problem der zeitlichen und örtlichen Resistenz der Organe des Wirtes gegenüber ihren Symbionten, die Mittel, welche den Wirten bei der Regulierung der Vermehrung und gestaltlichen Entfaltung der Symbionten zur Verfügung stehen, all das sind Gebiete, über die wir heute kaum etwas wissen und die nur in Gemeinschaft mit den Nachbarfächern erfolgreich angegriffen werden können.

Schon in dem Kapitel, das von der Verbreitung der Endosymbiosen handelte, wurde darauf hingewiesen, daß eine Lokalisation von Symbionten in Mycetomen oder Mycetocyten in offensichtlichem Widerspruch zur Organisation der *Wirbeltiere und des Menschen* steht. Nirgends hat sich bei ihnen derartiges ergeben, und wir können sicher sein, daß nicht ein Übersehen daran schuld ist. Wo immer die Wirbeltiere lebensnotwendige Mikroorganismen bergen, beschränkt sich ihr Vorkommen, wenn wir von dem Sonderfall mancher Leuchtsymbiosen absehen, auf den Darmkanal,

welcher dann allerdings unter Umständen beträchtliche Modi-
fikationen aufweisen kann. Als Sitz einer symbiontischen Bakterienflora kommt in erster Linie der Pansen des Wiederkäuermagens, der oft nicht minder gewaltig vergrößerte Blinddarm
und der Dickdarm in Frage.

Begreiflicherweise haben sich vornehmlich Veterinär- und Hu-
manmediziner, Ernährungsphysiologen und Hygieniker mit diesem dem Zoologen fernerliegenden Gebiet der Endosymbiose
beschäftigt, das aber doch hier wenigstens in Kürze behandelt
werden soll. Darüber, daß die ungeheueren Bakterienmassen,
welche den Pansen bevölkern, wesentlichen Anteil an der Aufschließung der cellulosereichen Nahrung haben, herrscht heute
allgemeine Einigkeit (Abb. 100). Durch anaerobe Vergärung der
Cellulose ermöglichen sie ähnlich wie in den Gärkammern vieler
Insektenlarven die Aufschließung des rohfaserreichen Futters und
erleichtern damit die spätere fer-
mentative Verdauung in den an-
schließenden Abschnitten des
Magens. Darüber hinaus stellen
sie für die Wirtstiere eine nicht
zu unterschätzende Eiweißquelle
dar. Man hat berechnet, daß in
einem Gramm Panseninhalt 13
Milliarden Bakterien enthalten
sind. Wenn täglich etwa 40 kg
so vorbereitete, wiedergekaute
Nahrung in den Labmagen und
den Dünndarm übertreten, verfallen somit ungezählte Bakterienmassen der Verdauung. Außerdem werden aber von diesen
Bakterien auch reichlich B-Vitamine gebildet, an Riboflavin zum

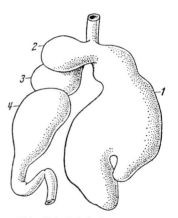

Abb. 100. Wiederkäuermagen.
1 Pansen (Vormagen), 2 Netz-
magen, 3 Blättermagen, 4 Labmagen

Beispiel das 30- bis 100 fache der im Futter vorhandenen
Menge. Daraus ergibt sich, daß der hohe Gehalt dieses Vitamins in der Kuhmilch in erster Linie den Bakterien des Pansens
zu danken ist. Nirgendwo bei den höheren Tieren — schreibt ein
hervorragender Kenner dieses Gebietes — gibt es eine Einrichtung,

die den Zweck der Symbiose so überzeugend dartut, wie die Funktion des Pansen.

Wie uns der riesige Gärkessel des Wiederkäuermagens an die im Verhältnis zur Größe der Tiere nicht minder gewaltigen Gärkammern erinnerte, so mahnt er uns aber gleichzeitig an die seltsame Flagellatensymbiose der Termiten. Leben doch in ihm bei Rindern, Schafen, Hirschen und so fort in Unmengen nicht weniger formenreiche Ciliaten, welche zumeist den nur in beschränktem Maße bewimperten Ophryoscoleciden angehören! Bei einem erwachsenen Schaf hat man in einem Kubikzentimeter eine Million Tiere gezählt, eine Menge, welche sich bei hochwertigem Futter noch vervielfältigt. Sie sind zwar nicht befähigt, Zellulose zu verdauen, aber vermögen Hemizellulosen abzubauen und stellen, da ja auch sie im Labmagen zugrunde gehen, auch eine wichtige Eiweißquelle dar. Inwieweit sie auch als B-Vitaminlieferanten in Frage kommen, ist noch unentschieden. Während die Bakterienflora des Wiederkäuermagens mit dem Futter aufgenommen wird, kommt eine Infektion mit den Ciliaten auf diesem Wege nicht in Frage. Sie gelangen weder freilebend noch in Form von Cysten in den Kot, finden sich aber dank der Gewohnheit des Wiederkäuens am Maul der Tiere und können bei gemeinsamem Fressen und beim Berühren der Mäuler einer Neuinfektion dienen.

Beim Pferd ist hingegen die Vergärung der Zellulose durch symbiontische Bakterien in den etwa einen Meter langen Blinddarm verlegt. Bei Vögeln besteht ebenfalls eine deutliche Beziehung der Entwicklung des Blinddarms zur Ernährungsweise. Raubvögel haben nur sehr schwach entwickelte Blinddärme, bei Hühnern, Gänsen, Schwänen sind sie beträchtlicher entwickelt, und bei Waldhühnern, die sich besonders im Winter fast nur mit einer sehr zellulosereichen Kost begnügen müssen, ist dieser Anhang fast so lang wie der übrige Darm.

Während systematische vergleichende Untersuchungen, welche auch die Frage der Vitaminproduktion der Bakterien berücksichtigen, bei diesen Objekten noch ausstehen, hat man sich neuerdings eingehender mit der Bakterienflora der Nagetiere befaßt und hier die große Bedeutung eines besonderen, im Blinddarm sich bildenden grau-weißlichen Weichkotes erkannt. Da er zumeist nachts abgesetzt und alsbald wieder gefressen wird, wurde er lange übersehen und hat man ihn im Gegensatz zu dem hart-knolligen gewöhnlichen Kot als Nachtkot bezeichnet. Sein Reichtum an Vitaminen, der auf die üppige Bakterienflora des Blinddarmes zurückgeht, hat ihm auch die Bezeichnung Vitaminkot eingetragen, neuerdings spricht man auch geradezu von einer Coecotrophe. Dieser Weichkot enthält beim Meerschweinchen doppelt so viel Nikotinsäure und insgesamt viermal soviel B-Vitamine wie die andere Sorte. Verhindert man die Tiere, ihn zu fressen, so stellen sich typische Symptome einer Avitaminose ein; nach vier Tagen schon kann, wenn nur Heu und Wasser geboten wird, der Tod unter Lähmungserscheinungen der hinteren Extremitäten erfolgen, frisches Gras oder Heu mit Polyvitamingaben bewirken hingegen eine wesentliche Verlängerung des Lebens, ohne freilich die Tiere vor dem Tode zu bewahren. Zu ähnlichen Ergebnissen führten Versuche, in denen man Meerschweinchen, welche auf operativem Wege vor jeder Darminfektion gewonnen wurden, steril weiterzüchtete. Trotz reichlicher Vitamingaben, Hefe- und Leberextrakten konnten sie nicht über ein gewisses Alter hinaus am Leben gehalten werden, so daß man vermuten muß, daß entweder die Darmbakterien noch einen bisher nicht erfaßten lebenswichtigen Stoff liefern oder daß sie in irgendeiner Weise zur Ausnutzung der mit dem Futter gereichten Vitamine nötig sind.

Wenn wir hören, daß die neugeborenen Meerschweinchen nach der Geburt alsbald den Weichkot der Mutter fressen und daß nach 36 Std. bereits die Besiedelung ihres Darmes mit den unentbehrlichen Keimen einsetzt, so erinnern wir uns an jene brutpflegenden, im Sande lebenden Blattwanzen, bei denen die Junglarven tagelang nur den Bakterienkot der Mutter zu sich nehmen.

Auch die menschliche Darmflora wird dem Kinde bereits bei der Geburt durch Beschmierung übermittelt. Mund und After desselben kommen schon im Mutterleib mit den Keimen der Scheide und natürlich auch in geringerem Grade mit solchen der Umgebung des Afters in Berührung. Dabei handelt es sich in der Scheide in erster Linie um den Lactobacillus bifidus und den sog. Döderleinschen Scheidenbacillus. Beide erzeugen ein saures Milieu und verhindern dadurch die Entwicklung von Streptokokken und Fäulniserregern, üben also bereits in dieser Hinsicht eine symbiontische Funktion aus. Der Lactobacillus aber gelangt bei dieser

Gelegenheit durch den Mund in den Darmkanal des Kindes und begründet hier die für das Gedeihen des Säuglings unentbehrliche „Bifidusflora", der gegenüber andere Keime völlig zurücktreten. Schätzte man doch bei Frauenmilchernährung in 1 g Stuhl durchschnittlich 32000 Millionen Bifidusbakterien und nur etwa 160 Millionen andere Formen!

Daß das an der Mutterbrust ernährte Kind mit dieser Flora in jeder Hinsicht besser gedeiht und widerstandsfähiger ist als das mit der Flasche aufgezogene, ist ja eine längst bekannte Tatsache. Heute wissen wir, daß dieser Unterschied in vieler Hinsicht auf die Leistungen dieser so einseitig entwickelten Flora zurückgeht. Vom ersten Lebenstag an spielt dieser Lactobacillus als Vitaminbildner eine lebenswichtige Rolle, denn er ist es, der wesentliche Mengen der Vitamine B_1 und B_2 und K, des Coagulationsvitamins produziert. B_1 fördert die Resorption schwer löslicher Kalksalze, die angesichts der Kalkarmut der Muttermilch bedeutsam ist, während das Vitamin K die Bildung gewisser wichtiger Stoffe der Leber anregt. Eine andere sehr bedeutsame symbiontische Leistung der Bifidusbakterien besteht darin, daß dadurch, daß sie den schwer resorbierbaren Milchzucker vergären, im Dickdarm ein saures Milieu entsteht, welches während der ganzen Laktationsperiode das Wachstum der Colibakterien und anderer Keime hochgradig hemmt und damit den Säugling gegen Verdauungsstörungen in hervorragender Weise schützt.

Daß auch die in der Folge an die Stelle der Säuglingsflora tretende normal zusammengesetzte Darmflora eine nützliche ist, kann als nicht minder sicher gelten. Man konnte zeigen, daß sie den gesamten Bedarf an Biotin und Vitamin K und zu einem guten Teil auch den an Pyridoxin und Vitamin B_{12} zu decken vermag, und daß sie wohl überhaupt alle B-Vitamine synthetisieren kann. Daß der Dickdarm solche Vitamine zu resorbieren imstande ist, ist ebenfalls erwiesen. Warum aber dann Vitaminmangel in der Nahrung nicht allgemein vom Darm aus kompensiert werden kann, entzieht sich heute noch unserer Kenntnis. Jedenfalls kommt jedoch der schon oben zitierte Autor in einem Referat, das von den symbiontischen Leistungen der menschlichen Darmflora und ihrer Beziehung zu den von den Zoologen erforschten Endosymbiosen handelte, zu dem sicheren Schluß, daß einige der von uns benötigten Vitamine uns aus dem Darm in Überschuß geliefert werden und daß bei anderen Vitaminen das Bedürfnis wenigstens zum Teil aus dem Darm befriedigt wird.

Wir haben gezeigt, daß der Nutzen, welchen die Aufnahme der Mikroorganismen in den tierischen Körper für die Wirte mit sich bringt, heute schon weitgehend geklärt ist, aber wir haben uns bisher wenig darum gekümmert, welcher Art der Gewinn der Gegenseite ist. Ist das Verhältnis so, daß man es wirklich als ein harmonisches bezeichnen kann, wie es etwa zwischen den Blüten und ihren Bestäubern besteht? Wie dort die Insekten mit Pollen und Nektar bewirtet werden, so werden bei unseren Endosymbiosen den Mikroorganismen natürlich alle diejenigen lebensnotwendigen Stoffe zur Verfügung gestellt, welche sie in der freien Natur in ihrer Umgebung finden müßten. Aber diese Bequemlichkeit wird bei den innigeren Symbiosen mit nicht zu verkennenden Nachteilen erkauft! Wir haben immer wieder erlebt, wie die Vermehrungsintensität der symbiontischen Mikroorganismen in sehr engen Grenzen gehalten wird und zweifellos weit hinter der ihrer freilebenden Verwandten zurücksteht. Darüber hinaus kam es des öfteren vor, daß Symbionten, die ihre Schuldigkeit getan haben, von ihren Wirten der Tod bereitet wurde. Aber auch dort, wo dergleichen unterblieb, bedeutet der Tod der Wirte zumeist auch den Untergang all der Symbionten, die nicht den Weg in die Nachkommen gefunden haben, denn ihre Entartung geht in der Regel infolge des langen intrazellularen Lebens so weit, daß sie in der freien Natur nicht mehr gedeihen können. Man hat daher des öfteren, um diese Situation zu charakterisieren, von einem Herr-Diener-Verhältnis oder Helotismus gesprochen.

5. Zur Stammesgeschichte der Endosymbiosen

Wir haben wohl notwendigerweise im Vorangehenden bereits hier und da Fragen historischer Art streifen müssen, möchten aber doch nicht versäumen, zum Schluß diese hier sich aufdrängenden Probleme etwas eingehender im Zusammenhang zu behandeln. Mancher wird sich vielleicht fragen, wie es denn möglich sei, über den Zeitpunkt des Zustandekommens dieser Bündnisse etwas auszusagen, nachdem uns wohl kaum je fossile Reste über sie werden Aufschluß geben können. Aber auch ohne solche Zeugnisse gestattet uns unser heutiges Wissen von der Verbreitung und der Art der Symbiosen im Verein mit unseren Vorstellungen vom Stammbaum der als Wirte in Frage kommenden Tiergruppen und von den Symbiosen einiger ursprünglich gebliebener Reliktformen eine Reihe gesicherter Schlüsse zu ziehen.

Solche lebende Fossilien stellen z. B. jene mit einem Saugrüssel versehenen Peloridiiden dar, deren denkbar ursprüngliche Symbiose wir kurz beschrieben haben (Abb. 39). Ihr Körper weist eine Reihe sehr primitiver Merkmale auf, die sonst bei keinem lebenden Insekt vorkommen, wohl aber in vieler Hinsicht an fossil bekannte Formen des Palaeozoikums erinnern. Sie haben wohl auch Beziehungen zu Blattläusen und Psylliden, aber vor allem auch dank ihrer Symbiose zu den heutigen Zikaden und müssen als ihre Stammform angesehen werden. Auch ihre Verbreitung zeugt für ihr hohes Alter, denn sie leben heute in Patagonien, in Australien und in Neuseeland, also in Teilen des riesigen Südkontinentes, welche im Palaeozoikum auseinandergetriftet wurden. Warum gerade sie sich erhalten haben und nicht der permischen Vereisung der südlichen Halbkugel zum Opfer gefallen sind, erklärt ihre Lebensweise. Saugen sie doch ausschließlich an feuchten Moospolstern kühler Schluchtwälder und danken es dieser Anpassung, daß sie sich über die Zeit hinweggerettet haben, in der die höhere Pflanzenwelt samt den an sie gebundenen Insekten zugrunde gegangen ist. Dieser Hemiodoecus mit seinen von *a*-Symbionten besiedelten Mycetomen — leider die einzige bisher auf ihre Symbiose hin untersuchte Gattung dieser so interessanten Tiere — gestattet uns mithin unzweifelhaft einen Blick in die Welt der Endosymbiosen des Palaeozoikums!

Doch steht er in dieser Hinsicht nicht völlig allein da. Ein ähnliches Relikt stellt der einzige heute noch in Australien vorkommende Repräsentant der ursprünglichsten, im Tertiär noch weit verbreiteten Termitenfamilie der Mastotermitiden, Mastotermes darwiniensis, dar. Von ihm haben wir mitgeteilt, daß seine Bakteriensymbiose hinsichtlich Charakter, Lokalisation und Übertragungsweise völlig der der Blattiden gleicht. Die Ähnlichkeit ist so groß, daß sie von vornherein nur durch verwandtschaftliche Beziehungen erklärt werden kann. Und in der Tat sind sich

alle Zoologen und Paläontologen, die sich mit der Stammesgeschichte der Schaben und Termiten befaßten, darüber einig,
daß die beiden Gruppen auf eine gemeinsame Wurzel zurückgehen müssen (Abb. 101). Ihre Trennung wird in das frühe
Karbon verlegt, so daß wir zu dem Schluß berechtigt sind, daß
Mastotermes und die Blattiden uns ver-
raten, welcher Art die Symbiose im Devon
lebender Vorfahren, der Ur-Blattopteri-
deen war.

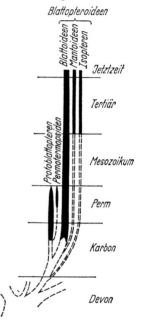

Abb. 101. Stammbaum
der Blattopteroidea.
Nach Martynow und
Jeannel

Wenn der Stammbaum der Abb. 101
richtig ist, müssen auch die im Karbon
entstandenen Seitenäste der Protoblatt-
opteren und Permotermopsiden eine
solche Symbiose besessen haben, aber
da sie schon im Perm ausgestorben sind,
werden wir es nie mit Gewißheit sagen
können.

Termiten und Blattiden stehen sich
aber nicht nur auf Grund dieser gleich-
gearteten Bakteriensymbiose nahe, sondern auch dank der Tatsache, daß ihre
primitivsten Vertreter außer dieser auch
noch jene einzigartige Flagellatensymbiose aufweisen, von der in einem besonderen Kapitel die Rede war. Es gilt
dies für die Mastotermitiden einerseits
und für eine nordamerikanische Schabe
Cryptocercus, welche noch mancherlei
termitenähnliche Züge beibehalten hat
und sogar erste Ansätze zu einer Staaten-
bildung aufweist, andererseits. Diese Kombination muß sehr alt
und schon den gemeinsamen Vorfahren eigen gewesen sein, denn
bei Mastotermes und Cryptocercus liegt die Mannigfaltigkeit der
den Darm belebenden Gestalten bereits in der gleichen Weise vor.
Aber dieses Nebeneinander der beiden Symbioseformen war nicht
von Dauer. Weder die höheren Termitenfamilien noch die übrigen
Schaben behielten sie ja bei! Cryptocercus lebt auch heute noch
in und von Holz, oft sogar zusammen mit Termiten, aber die

übrigen Schaben haben diese ursprüngliche Lebensweise und damit die sie erst ermöglichende Flagellatensymbiose aufgegeben. Umgekehrt bauten die Nachkommen der Mastotermitiden die Bakteriensymbiosen ab und beschränkten sich auf die mit Flagellaten, bis auch bei ihnen zum Teil ein Wandel in der Ernährungsweise eintrat, der sie überflüssig machte. Das Erlernen der Pilzzucht und damit eine stets verfügbare eiweißreiche Nahrung zog bei den höchstspezialisierten Termitiden auch den Verlust der Flagellaten nach sich, während die Kalotermitiden und Rhinotermitiden, welche keine Pilzgärten anlegen, sie bis heute bewahrten.

Ein solches Kommen und Gehen von Symbionten ist keineswegs eine Seltenheit, sondern begegnet auch sonst in mannigfacher Form und bestätigt damit immer wieder, daß es sich nirgends um ein gleichgültiges, den Tieren durch die Mikroorganismen aufgezwungenes Zusammenleben handelt, sondern um Einrichtungen, welche diese schaffen und abschaffen können. Wer den Stammbaum der Blattopteroideen aufmerksam betrachtet hat, wird beachtet haben, daß auf ihm nach Abzweigung der Termiten auch noch ein Seitenast entsproß, der zur Entstehung der Mantoideen, d. h. der Verwandten der bekannten Gottesanbeterin führte. Bei ihnen handelt es sich aber um heute räuberisch lebende Tiere, von denen keinerlei Symbiose bekanntgeworden ist und die sie auch nach allem, was wir wissen, nicht nötig haben. Vorausgesetzt, daß der Stammbaum auch in diesem Punkt richtig ist, gibt es für diese Tatsache nur die eine, nach dem, was wir gehört haben, keineswegs kühne Deutung, daß hier ebenfalls ein Wandel in der Ernährungsweise zur Aufgabe der Bakterien- und der Flagellatensymbiose geführt hat.

Auch eine vergleichende Betrachtung der stammesgeschichtlichen Entfaltung der Sepioliden und ihrer Leuchtsymbiosen enthüllt ein überaus merkwürdiges Bild stufenweiser Entfaltung der von Bakterien besiedelten Leuchtorgane und erneuter, bald in engerem Kreis, bald in weiten Bereichen vor sich gehender Rückbildung und völliger Aufgabe der symbiontischen Einrichtungen, deren eingehendere Schilderung jedoch zu weit führen würde. Hier liegen freilich die Motive nicht so klar zutage und man kann nur vermuten, daß Veränderungen in der Lebensweise, wie Anpassung an größere Tiefen, in denen die ja hier jeweils neu aufgenommenen Bakterien fehlen, oder an seichtere Uferzonen eine Rolle gespielt haben.

Nachdem wir nun wissen, daß bereits die Ausgangsformen der Zikaden, Schaben und Termiten die ihnen auch heute eigenen Symbionten besaßen und daß sie sie durch Jahrmillionen stets ihren Nachkommen weitergegeben haben, ihre Symbiosen also monophyletischen Charakter besitzen, erhebt sich die Frage, wo dies sonst anzunehmen ist und wo andererseits mit einem polyphyletischen Erwerb der Symbionten zu rechnen ist. Überall dort, wo größere Verwandtschaftskreise gleichförmige Symbiosen aufweisen, wird man auf eine monophyletische Entstehung schließen dürfen. Dies gilt für so geschlossene Gruppen, wie die Aleurodiden, die Psylliden, die Mehrzahl der Blattläuse, bei denen nur die Symbiosen der Tannengalläuse und Rebläuse (Adelgiden und Phylloxeriden) wahrscheinlich je einen eigenen Ursprung haben, aber auch für die Hippobosciden, Lagriinen, Trypetiden und manche andere größere oder kleinere systematische Einheit.

Ihnen stehen andere gegenüber, bei denen offensichtlich ein polyphyletischer Erwerb der symbiontischen Mikroorganismen vorliegt. Ein kürzlich veröffentlichter Stammbaum der Schildläuse, der auf einen hervorragenden Kenner derselben zurückgeht, teilt sie in 17 Familien und läßt sie sich bereits im Karbon in 11 Äste aufteilen, an denen im Laufe der Trias noch weitere sechs sprossen. Über die Symbiose von 15 dieser Familien wissen wir mehr oder weniger gut Bescheid; in drei von ihnen fanden sich keine Symbionten, die Symbiosen der übrigen aber bieten auch dort, wo die Familien nach diesem Stammbaum enger verwandt sind, keinerlei Vergleichspunkte, und ihre Mannigfaltigkeit kann nicht etwa durch Verlust und Neuerwerbungen verständlich gemacht werden. So muß der Symbioseforscher notwendigerweise den Schluß ziehen, daß all diese Endosymbiosen erst im Tertiär begründet wurden, d. h. zu einer Zeit, als die Gliederung und die gestaltliche Entfaltung der Schildläuse im wesentlichen bereits der heutigen, so großen Mannigfaltigkeit entsprach. Möglicherweise erklärt sich dies dadurch, daß ihre Nahrung zunächst allgemein in dem wuchsstoffreicheren Inhalt angestochener Zellen bestand und daß in den meisten Gruppen erst ein später Erwerb von Symbionten den vitaminarmen Siebröhrensaft als Nahrungsquelle erschlossen hat. Wo solche fehlen, wäre dann die alte Ernährungsweise beibehalten worden. Leider reichen aber unsere diesbezüglichen Kenntnisse nicht aus, um eine solche Vermutung zur Gewißheit zu machen.

In anderen Fällen besteht aber kein Zweifel darüber, daß Symbiontenerwerb und Nahrungswechsel in ursächlichem Zusammenhang stehen. Das eindrucksvollste Beispiel lieferten uns hierfür die Wanzen, bei denen die an Pflanzen saugenden Formen alle Symbionten besitzen, während die ursprünglicheren, räuberischen, soweit sie sich nicht ausschließlich auf Wirbeltierblut spezialisiert haben, ohne solche gedeihen. Ähnlich ist die Situation bei den Bockkäfern, bei denen sich gezeigt hat, daß nur diejenigen Larven, welche in Nadelholz und in totem Laubholz leben, Symbionten nötig haben, nicht aber die in frischem Laubholz oder in krautigen Gewächsen minierenden. Auch in diesem Fall muß notwendigerweise ein polyphyletischer Erwerb vorliegen.

Besonders eindrucksvoll dokumentieren einen solchen auch die Anopluren, denn bei ihnen decken sich die verschiedenen, sehr spezifisch entwickelten Symbiosetypen weder mit Familien noch mit Unterfamilien, sondern verwirklicht *jede Gattung* einen eigenen Modus. Eine Ausnahme machen, soweit wir wissen, lediglich die beiden auf dem Menschen lebenden Gattungen Pediculus, die Kleider- und Kopflaus, und Phthirius, die Filzlaus. Sie behandeln ihre Symbionten in völlig gleicher Weise. Aber gerade von diesen wissen wir, daß sie erst in sehr später Zeit auf Menschenaffen aus einer gemeinsamen Stammform hervorgegangen sind.

Eine Fülle von Fragen historischen Charakters ersteht begreiflicherweise auch auf dem Gebiet der Polysymbiosen. Daß bei einer Symbiose mit zwei, drei und mehr verschiedenen Mikroorganismen diese kaum je gleichzeitig erworben wurden, ist ja von vornherein selbstverständlich. Es gilt also in diesen Fällen die Reihenfolge der Aquisition zu klären. Im vorangehenden war notwendigerweise schon mehrfach von Beobachtungen die Rede, welche sichere Schlüsse auf sie gestatten. Sie betreffen vor allem die weitere oder engere Verbreitung der zusätzlichen Symbionten, ihren mehr oder weniger abgeklärten und in histologischer Hinsicht vollendeten Wohnsitz, die noch ursprüngliche oder oft durch das lange intrazellulare Leben entartete Gestalt der Bakterien und ihre Behandlung während der Embryonalentwicklung, insbesondere bei der Aussortierung aus dem anfänglichen Symbiontengemenge.

Ein eindeutiges Beispiel für eine offensichtlich alte Disymbiose liefern die Psylliden, bei welchen man bisher immer ein Mycetom fand, das in einkernigen Mycetocyten eine stets in gleicher Weise zu Schläuchen auswachsende Bakteriensorte beherbergt, während im restlichen, syncytialen Teil des Organs recht verschiedene, oft sehr ursprüngliche Stäbchen darstellende Symbionten untergebracht sind. Es muß sich also um einen bereits an der Wurzel dieser Unterordnung vor sich gegangenen Erwerb der zusätzlichen Symbionten handeln, was bedeutet, daß die Psylliden jedenfalls im oberen Lias bereits disymbiontisch waren.

Eine ganz andere Situation begegnet uns bei den Blattläusen. Auch hier sind die Stammsymbionten stets eindeutig als solche zu erkennen, aber sie blieben etwa bei der Hälfte der untersuchten Formen allein, während die andere Hälfte zusätzliche Gäste aufweist. Bald treffen wir diese in wohlbegrenzten und örtlich fixierten Bereichen des Mycetoms, bald da und dort in dieses eingelassen; bei wieder anderen Arten verlassen sie es zum Teil, treten in die Leibeshöhle über und besiedeln von da aus eventuell auch die Fettzellen, ja bei der Blutlaus überschwemmen sie die Lymphe in einer Weise, die auf den ersten Blick eher an einen parasitischen Befall denken läßt. Aber auch hier, wie in allen anderen Fällen, ist die Übertragung wohlgeregelt und funktioniert die Aussortierung im Laufe der Embryonalentwicklung durchaus. Gleichzeitig steht wieder der morphologischen Eintönigkeit der stammesgeschichtlich älteren Symbionten eine Mannigfaltigkeit der jüngeren, auch hier vielfach typische Bakteriengestalt besitzenden Insassen gegenüber. Es kann daher bezüglich des polyphyletischen Charakters der Di- und Trisymbiosen der Blattläuse kein Zweifel bestehen.

Bei den Schildläusen, deren Symbiosen sich uns als relativ junge Konvergenzerscheinung offenbaren, handelt es sich natürlich auch um einen späten, sehr sporadischen Erwerb zusätzlicher Gäste. Kennt man doch einen solchen bisher nur von einer

I primär monosymbiont

II primär disymbiont

III primär trisymbiont

IV sekundär disymbiont

sekundär trisymbiont

tetrasymbiont

V

pentasymbiont

hexasymbiont

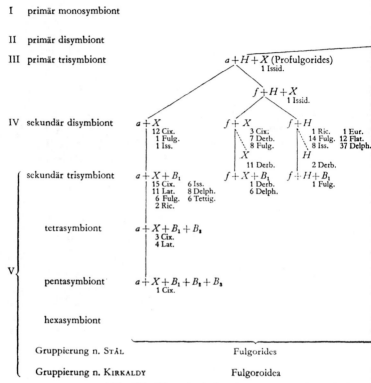

Gruppierung n. STÅL — Fulgorides

Gruppierung n. KIRKALDY — Fulgoroidea

Abb. 102. Hypothetischer Stammbaum der Zikaden u

Lackschildlaus (Tachardina), von einer Margarodine, von einigen wenigen Pseudococcinen (Rastrococcus) und von einer größeren Anzahl von Monophlebinen. Bei letzteren ist die bei Schildläusen sonst so schwach entwickelte Neigung zur Vermehrung des Symbiontenschatzes bei weitem am stärksten entfaltet und hat anschauliche Reihen allmählicher Vervollkommnung ergeben.

Der Höhepunkt der Symbiontenhäufung ist uns bei den Zikaden begegnet, von denen man ja Arten mit drei, vier und fünf zusätzlichen Formen kennt und bei denen damit eine Mannigfaltigkeit der Kombinationen entsteht, die wir nur andeuten konnten, die aber wenigstens in dem Stammbaum der Abb. 102 eindrucksvoll erscheint. Natürlich fehlen auch bei ihnen nicht die Symptome

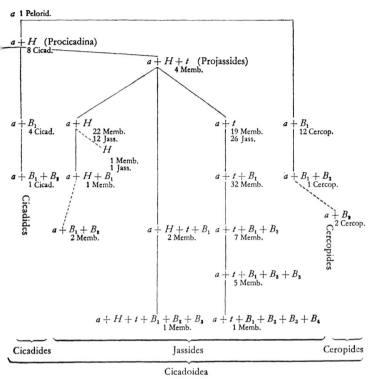

d ihrer Endosymbiosen. Nach H. J. Müller

mehr oder weniger weit gediehener Einbürgerung, und je mehr Symbiontensorten in einer Zikade erscheinen, desto mehr häufen sich begreiflicherweise auch die Unausgeglichenheiten. Bei den Membraciden, die uns ja vor allem die Beispiele extremer Polysymbiosen lieferten, ist offenbar die Tendenz zu Neuerwerbungen auch heute noch in vollem Gange, obwohl das Bestreben der Cicadoiden, alle Sorten nach Kräften in *einem* Mycetom zu vereinen, einer harmonischen Einbürgerung Schwierigkeiten macht, welche die Fulgoroiden, welche jedem Gast eine besondere Behausung bieten, nicht in diesem Maße kennen. Um so interessanter ist es andererseits, bei diesen eingehend studierten Tieren das Ringen um friedlichen Ausgleich mitzuerleben (Abb. 43).

Als man vor Jahren auf Zikaden stieß, welche nur einen Hefe-symbionten oder allein *x*-Symbionten führen, schien dies einen polyphyletischen Erwerb zu beweisen, und die spätere Entdeckung, daß die so ursprüngliche Peloridiide ausschließlich *a*-Symbionten besitzt, konnte eine solche Auffassung auf den ersten Blick nur bestätigen. Und doch kann heute kaum noch ein Zweifel darüber bestehen, daß sich die ganze Fülle der Zikadensymbiosen auf einem monophyletischen Stammbaum sinnvoll unterbringen läßt. Die Lösung dieses Rätsels danken wir der Erkenntnis, daß die Aquisition eines zusätzlichen Symbionten unter Umständen Disharmonien mit sich bringt, welche zum Untergang eines bereits vorhandenen Gastes führen. Nach den zahlreichen Erfahrungen, welche man im Laboratorium an Mischkulturen freilebender oder parasitischer Mikroorganismen — Bakterien und Pilzen — gemacht hat, ist von vornherein bei solchen Polysymbiosen sowohl mit sich günstig auswirkenden als auch mit antibiotischen Wechselbeziehungen zu rechnen. Über die ersteren wissen wir heute noch nichts auszusagen, aber die letzteren lassen sich den morphologischen Gegebenheiten entnehmen. Sind wir doch z. B. bei den Hormaphidinen auf einen eindeutigen derartigen Fall gestoßen, wenn hier bei einem Teil der Gattungen die Stammsymbionten fehlen und sonst nirgends bei Blattläusen vorkommende Hefen an ihre Stelle getreten sind, welche heute die eigentlich für ihre Vorgänger geschaffene Einfallspforte in die Embryonen benützen (Abb. 82)! Ein Gegenstück stellen unter den Schildläusen die Rastrococcus-Arten dar, welche zum Teil eine noch ursprüngliche Bakteriensymbiose aufweisen, während in anderen Bakterien und Hefen zusammenleben und gemeinsam übertragen werden, obwohl die ersteren nur noch in geringen Mengen in der Lymphe kreisen und in wieder anderen Arten ausschließlich Hefen weite Bereiche des Fettgewebes besiedeln (Abb. 25 c, 27). Der Umstand, daß kein anderer Vertreter der vielen Pseudococciden, zu denen ja auch Rastrococcus zählt, jemals Hefen führt, bestärkt uns natürlich in der Annahme, daß hier die ungewöhnliche Einbürgerung der Hefen die Stammsymbionten in steigendem Maße gefährdete. Ein drittes Beispiel dafür, daß Hefen als Störenfriede wirken können, liefern die Stictococciden, unter denen sich ebenfalls Arten fanden, welche nicht die üblichen Bakterien, sondern abermals

Hefen enthalten und deutlich erkennen lassen, daß es sich um eine sekundäre Aquisition handelt.

Daß angesichts des Symbiontenhungers der Zikaden solche Verdrängungen in ausgedehnterem Maße vorkommen, ist nach alledem von vornherein zu erwarten, und der Stammbaum der Zikadensymbiosen, dem wir uns nun etwas eingehender widmen wollen, arbeitet mit gutem Grund mit solchen. Die von den lediglich a-Symbionten besitzenden Peloridiiden stammenden „Procicadina" besaßen vermutlich bereits a- und H-Symbionten, eine auch heute noch zu treffende Kombination, aber in den drei aus ihnen hervorgehenden Aesten wurde diese vielfach wieder gesprengt. Dabei erwiesen sich, im Gegensatz zu den sich auf Blatt- und Schildläuse beziehenden Beispielen, die Hefen als die schwächeren Partner*. Der Ast der Cicadiden hat sie durchweg eliminiert und beschränkte sich auf a-Symbionten mit ein oder zwei Begleitbakterien, während der der Fulgoriden zu den $a + H$-Symbionten die seltsamen x-Symbionten, der der Jassiden die t-Symbionten gesellte. Zwischen x- und t-Symbionten herrscht sichtlich ein ausgesprochener Antagonismus, denn sie treten nie vereint auf. Aber in ähnlicher Weise vertragen sich auch t- und H-Symbionten nur selten. Bald bekundet sich die Hefe als die schwächere und resultiert die sehr häufige Kombination $a + t$, bald geht t verloren und besitzen die Wirte $a + H$. Wenn bei den Membraciden diese Hefen bald ungeordnet im a-Mycetom liegen oder in dessen epithelialer Umhüllung Platz finden, in anderen Fällen in Fettzellen oder frei in der Leibeshöhle auftauchen, so illustriert diese Wahllosigkeit nach H. J. Müller Etappen der Verdrängung. In ähnlicher Weise harmonieren innerhalb der Fulgoriden x-Symbionten und Hefen nur ganz selten miteinander und gingen die Hefen fast stets über Bord. Andererseits bestehen sichtlich zwischen Hefen und f-Symbionten eubiotische Beziehungen, und zahlreiche Arten begnügen sich nach vollzogenem Abbau der x-Symbionten mit dieser Kombination.

---

* In jüngster Zeit angestellte Untersuchungen kommen hingegen zu dem Resultat, daß auch bei den Fulgoroiden die Erwerbung von zusätzlichen Hefen vielfach den Verlust älterer Gäste ausgelöst hat. Die aus einer solchen Auffassung sich ergebenden Korrekturen unseres Stammbaumes würden ihn in mancher Hinsicht etwas vereinfachen.

In sinnvoller Weise folgen somit auf unserem Stammbaum zunächst drei Perioden mit Mono-, Di- und Trisymbiosen aufeinander, dann folgt eine Periode, die im wesentlichen durch antibiotische Auseinandersetzungen gekennzeichnet ist und zu sekundär disymbiontischen Tieren führt. Der fünfte Abschnitt schließlich ist durch einen mehr oder weniger weitgehenden Ausbau mittels Zuwahl von verschieden zahlreichen Begleitsymbionten gekennzeichnet, welcher sekundäre Tri-, Tetra-, Penta- und Hexasymbiosen ergibt. Auf den ersten Blick mag dieses an ein Schachspiel erinnernde Manövrieren mit den verschiedenen Symbionten, dieses ständige Eliminieren und Kooptieren sehr willkürlich erscheinen, aber wenn auch vielleicht unser sich über etwa 400 Millionen Jahre erstreckende Stammbaum da und dort nicht ganz dem wirklichen Ablauf entspricht, kann doch jedenfalls hinsichtlich seiner prinzipiellen Richtigkeit kaum ein Zweifel bestehen. Nicht zuletzt bestärkt uns darin, daß er in bestem Einklang mit der systematischen Gliederung der Zikaden steht.

Angesichts dieser erstaunlichen Labilität symbiontischer Einrichtungen wird es nicht wunder nehmen, daß auch da und dort gelegentlich ein Symbiontenverlust durch Reminiszenzerscheinungen bestätigt wird. So fanden sich zwei Psylliden, die den das Syncytium bewohnenden Symbionten verloren haben, dieses aber trotzdem immer noch reproduzieren. Bei Hippeococcus werden auf dem Blastodermstadium die für die Symbionten bestimmten Zellen gesondert, wird anschließend ein typisches, aber steril bleibendes embryonales Mycetom gebildet und in der gewohnten Weise verlagert, obwohl die Ernährung der weiblichen Imagines durch Ameisen die Symbionten überflüssig gemacht hat. In Ägypten verlor die dortige Varietät von Calandra granaria infolge höherer Temperatur ihre Symbionten, aber ihre Wohnstätte wird, allerdings in reduzierter Form, immer noch gebildet und bei der Metamorphose verlagert, wie wenn die Bakterien noch vorhanden wären. Bei den Ameisen war eine Endosymbiose offenbar einst weiter verbreitet. Heute kennen wir eine solche lediglich von allen Camponotinen und von Formica fusca. Als man Formica rufa und sanguinea untersuchte, stellte sich heraus, daß sie zwar symbiontenfrei sind, aber im Laufe der Embryonalentwicklung eine sterile, bei rufa sehr ansehnliche, bei sanguinea stärker reduzierte

Zellmasse absondern, welche zweifellos der sonst die Symbionten enthaltenden entspricht. Gewisse Fulgora-Arten haben zum Zwecke der Übertragung für die jüngsten Begleitsymbionten in jeder Eiröhre hinter den Nährzellen ein kleines Filialmycetom errichtet und senden sie von hier aus in die Eier. Fulgora europaea legt es noch an, läßt es aber steril und schickt diese Eigenbrötler jetzt zusammen mit den übrigen Symbionten am hinteren Pol in die Eizellen. Bei Rhizopertha liegt dem Mycetom regelmäßig eine seltsame Zellmasse an, die sehr wahrscheinlich als Wohnstätte eines wieder verlorengegangenen zweiten Symbionten zu deuten ist, wie er ja bei den naheverwandten Lyctiden vorhanden ist.

Man kann sicher sein, daß sich im Laufe der Zeit unsere Einblicke in die Stammesgeschichte der Endosymbiosen noch wesentlich vertiefen lassen. Dazu bedarf es aber in erster Linie sich über ein großes Material erstreckender morphologischer Studien, welche nicht ohne die Hilfe von mit den jeweiligen Gruppen vertrauten Systematikern und Sammlern durchgeführt werden können. Aber auch diese haben vielfachen Gewinn von einer solchen Unterstützung, denn nicht selten kann die Kenntnis des jeweiligen Symbiosetyps Streitfragen über die systematische Stellung einer Form entscheiden. Andererseits kann der Symbioseforscher auch auf die Heterogenität bisher für einheitlich gehaltener Gruppen aufmerksam machen und den Anstoß zu ihrer Aufteilung geben, ja selbst, wie wir es bei Blattiden, Termiten, Zikaden und Schildläusen erlebt haben, zur Klärung weittragender Probleme der Phylogenie beitragen.

Wir sind am Ende unserer Ausführungen angelangt. Es ist eine neue Welt der seltsamsten Geschehnisse, welche sich uns in diesen fünfzig Jahren allmählich aufgetan hat und die nun ebenbürtig an die Seite der Lehre von den Beziehungen zwischen den Blüten und ihren tierischen Bestäubern tritt. Hier wie dort erfüllen uns die so überraschenden wechselseitigen Anpassungen immer wieder mit Staunen, und mancher Leser wird vielleicht fragen, ob die moderne Wissenschaft wohl auch etwas über ihr Zustandekommen auszusagen vermag. Der zeitgemäß denkende Biologe verfügt freilich über eine sehr bequeme Antwort. Für ihn hat eine allmächtige Auslese richtungsloser, also keineswegs in irgendeiner

Weise in Beziehung zum Bedürfnis stehender Mutationen alles das hervorgebracht, was uns heute mit Bewunderung erfüllt. Aber wenige Gebiete sind vielleicht so geeignet, die Ärmlichkeit einer solchen Vorstellung zu offenbaren, wie das, mit dem wir uns beschäftigt haben. Wenn uns der Wirtsorganismus immer wieder wie ein Wesen anmutete, das vor bestimmte Aufgaben gestellt wird und das nun unter den ihm zur Verfügung stehenden Mitteln das jeweils beste auszuwählen vermag, und wir nicht selten geradezu wie von einem Erfinder sprachen, so wollte das nicht nur eine durch den Charakter der populären Darstellung nahegelegte Ausdrucksweise sein, sondern sollte bekunden, daß nach unserer festen Überzeugung derartige Anpassungen niemals von außen angezüchtet werden konnten, sondern auf *im* Organismus wirkende Kräfte zurückgehen müssen. Welcher Art diese Kräfte sind, wissen wir nicht und werden wir vielleicht auch niemals erfahren, aber wenn wir sie mit denen eines denkenden Wesens vergleichen, kommen wir ihnen noch am nächsten. Darum möchten wir mit einem Wort GOETHES schließen, das unserer gefühlsmäßigen Einstellung entspricht: „Gedacht hat sie und sinnt beständig; aber nicht als ein Mensch, sondern als Natur. Sie hat sich einen eigenen allumfassenden Sinn vorbehalten, den ihr niemand abmerken kann."

Sachverzeichnis